温暖化と生物多様性

岩槻邦男＋
堂本暁子［編］

築地書館

はじめに

『温暖化に追われる生き物たち』が刊行されて十年になる。十年前の一九九七年といえば、第三回気候変動枠組条約加盟国会議ＣＯＰ３が京都で開かれ、京都議定書が策定されるところだった。生物多様性ジャパンでは、気候変動とのかかわりで生物多様性が問題にされることが乏しいことに問題意識を持っていたので、ＣＯＰ３に向けた訴えをしようと、この書を会議の開催直前に刊行したのだった。

当時、類書が乏しいこともあって、この書は一定の注目を浴び、生物多様性ジャパンでは、この書の英語バージョンをつくろうと考え、一部内容に加筆補正を加え、二〇〇〇年にA Threat to Life を国際自然保護連盟（ＩＵＣＮ）と共同で刊行した。

二〇〇七年一〇月に『地球温暖化と生物多様性』と題するシンポジウムを開催した。生物多様性ジャパンがこのシンポを企画しようとしたのは、この書の刊行十年の区切りにこの課題を再検討しようという意図があってだった。そこへ、二〇〇八年三月に予定されることになったG20の千葉県での開催と、生物多様性千葉県戦略の策定作業が進んで来たという事情が加わり、このシンポは千葉生物多様性県民会議と共催することになった。

シンポジウムの少し前には、ＩＰＣＣ（気候変動枠組み政府間パネル）とゴア前アメリカ副大統領のノーベル平和賞受賞も公表され、地球温暖化という現象がメディアの注目を浴びることになった。人間環境に破綻が生ずれば、人類社会の平和が乱されると予告するこの平和賞の選択は正しいものである。

さらにこの授賞によって、生物多様性の危機にもさらなる注意を喚起することが期待されるところであるが、残念ながら、現実は必ずしもそうなってはいない。わたしたちは生物多様性の動態にますます多くの人が関心をもつことが今日喫緊の課題であることを強く意識しており、そのことをより広く一般社会に訴えていくことが大切であると痛感している。

このような背景を受けて千葉市幕張で開催されたシンポジウムには、折からの台風の影響もものともせずに会場を埋めるだけの参加者があり、高校生から老年までがさまざまな発表を行った会場は終日熱気に満たされていた。このシンポジウムの企画には、成果として『温暖化と生物多様性』の最新版をつくることも意図されていた。

過去十年の間に、地球温暖化に関しては、ＩＰＣＣの粘り強い活動もあって、科学的知見も進み、政策担当者らの意識も高まっている。その成果がノーベル賞にも通じたものだったのである。地球温暖化の話題はメディアに露出することも多く、市民にも周知されて来た。しかし、多くの市民が、これを自分の問題と意識し，温暖化防止のために自分は何をするべきかを考え、行動するまでにはいたっていない。

生物多様性についても、過去十年の間にさまざまな展開が見られている。地球規模で情報をネットワーキングする体制を整えるなど、科学的な解析の基盤整備が進んでいるし、日本では、生物多様性国家戦略が、新戦略（二〇〇二年）から第三次戦略（二〇〇七年）へバージョンアップするたびにその内容も実効性も高まっている。ただし、一般市民の生物多様性への関心の度合いは、残念ながら、まだ極めて低い。生物多様性に及ぼしている自分たちの営為が何をもたらしているかについてほとんど認識されていないし、生物多様性の危機が目前に迫っていることを考える人もほんの一握りの人たちだけである。このまま放置しておれば、人の環境における生物多様性の劣化は、地球規模で人類の平和を乱すことは目に見えている。

人の営為が地球温暖化をもたらしていることが示されたように、生物多様性にも、人の営為によってさまざまな危機が迫っている。地球温暖化についても、生物多様性に及ぼす影響がもっとも恐ろしいものである。そのことを、ＩＰＣＣが論証できたほど、生物多様性関連の科学がまだ科学的に論証できないのは残念なことである。しかし、さまざまな傍証は、温暖化に追われる生き物たちの混乱をはっきり示している。これらの事実を検証し、問題の深刻さを認識し、病が膏と肓の間に入り込むより前に、適切な対応を行わない限り人類に明日はない。

希望の持てることは、生物多様性への関心が、科学者や一部の行政担当者の話題になるだけでなく、過去十年の間に、企業や一般市民、さらには若い世代にまで注目される輪が広まっていることである。二〇〇七年のシンポジウムでもそうだったように、本書では生物多様性の専門家の論説を載せるだけでなく、生物多様性に関心をもつ層への広がりが見られる編集になっている。

本書が地球温暖化と生物多様性についての確かな視点を醸成し、全ての市民が自分たちの環境を大切にする行動に参加するための一歩を刻むものとなることを期待したい。

なお、二〇〇七年のシンポジウムの開催と本書の刊行にあたっては、独立行政法人環境再生保全機構地球環境基金の助成をいただいたことを記し、感謝したい。

岩槻邦男

目次

第二部　温暖化に追われる生き物たち

第三部　地域で生物多様性と生きる

第一部
温暖化と生物多様性

生物多様性の歴史と地域的重要性

西田治文

急速に温暖化する地球と、急激に減少しつつある生物多様性、その主たる原因をつくり出しているのは人間の営みである。一般に、地球全体の問題、広域的な問題として一律にとらえがちなこれらの現象は、実は、地域ごとに異なる現象の集合だから、温暖化と生物多様性という問題のみならず、環境と人間の将来、すなわち、持続可能性は、包括的な国家戦略だけでは到底、解決できない。従って、自治体は国とともに、真剣で効果的な対策と実行指針を持たねばならず、そこに住む人々や関連する企業・団体などすべてが、持続可能性をめざす高い意識と、そのために必要な知識を持つことが不可欠になる。

日本独自の生物多様性の形成

すべての生物は共通の祖先から枝分かれし、現在の多様性がつくられた。生物の最初の化石記録は、約三十五億年前のもので、それより三億年以前に生物が存在した化学的な痕跡が、堆積岩中に残されている。光合成によって酸素を生産するバクテリアが、三十五億～二十七億年前から活動を始め、初めは水中、次いで、大気中に酸素が蓄積された。その後、光合成をする主体は、藻類と陸上植物へと変化したが、従属栄養生物という、他の生物を食べたり、生物の遺体を分解して生活する生物の大半が、その生活を光合成で生産される有機物に頼るという基本的な図式は一貫して変わらない。

多細胞生物が出現したのは、今から約十億年前。六億年前までに、現在の分類群の門の数を上回る多様な動物群が海中に出現した。大気中の酸素濃度も現在の約十分の一まで濃くなり、成層圏にオゾン層が形成されて紫外線の吸収率が高まり、生物が安全に陸上に進出する環境が整えられた。四億七千万年前までに現在のコケのような最初の植物が、初めて上陸を果たす。シダ植物もその後、五千万年ほどの間に出現し、三億八千万年前のデボン紀に、最初の木が現れた。一千万年後には、高さ二十メートルを超す樹木が森林を形成したが、これらの木は胞子で繁殖するシダ植物だった。

陸上に植物が進出したことで、地球の生態系は大きく変化し、陸の栄養が海に供給され、海の生物を育てるという緊密な関係を持続することになる。まず、現在の地球にとって重要な要素である土壌が形成された。土壌には、生物の遺体とそれが分解された様々な化学物質が蓄積される。土壌は一般に、単なる植物の栄養供給源や、土壌生物の生活空間としか見られていないが、生物の上陸以降、有機物としての炭素の蓄積場所として機能し、さらに、CO_2（二酸化炭素）の吸収にも大きな役割を果たしてきた（Berner,1997）。過去四億年間の大気中CO_2濃度変化を見ると、最も顕著な変動はデボン紀における急激な濃度低下で、現在の十倍以上あったCO_2が、約五千万年で五分の一以下になった（Berner, 1998）。その原因は、土壌による化学的な吸収と、植物が行う光合成だとされている。

森林の形成は、陸上に広大な生息空間をもたらし、昆虫も移動手段として、空を飛び始めた。植物による生産も増え、動物も多様化、ヒトの祖先である魚類の一部も、このころ、上陸して両生類になる。森林と時を同じくして、種子で繁殖する種子植物も出現した。最初は、高さ数十センチで、葉も持たない姿だったが、その子孫が現在の植生を形づくる主体となった。中でも、約一億五千万年前の中生代後半に登場した被子植物（花を咲かせる植物）は、現在、約二十五万種もあり、人間の生活に欠かせない存在になっている。

恐竜絶滅後約六千万年を経た、七百万～五百万年前に、人類の祖先が猿から分かれた。最近の二百万年は特に、氷期と間氷期との周期的変動が大きく、生物は移動や種分化、絶滅を繰り返しながら、現在の生物相が形成された。地球が太陽を周回する際の軌道が、他の惑星から受ける重力によって周期的に変化する、ミランコビッチ変動という現象によって、氷期・間氷期のサイクルが生まれる。現在の地球の周回軌道は、約四十万年前の温暖期の状況に似ているため、当時の温暖化現象によって、生物多様性がどのように変動したか、注目され始めた。ヒトが登場したのは、二十万～十五万年前である。

日本列島は恐竜時代を含めて、アジア大陸の東縁とその周縁の海底にあり、二千万年前からようやく姿を現す。植物相を見ると、大陸の温帯モンスーン地域と基本的に似てはいるものの、ベーリング海峡を隔てた北米要素が進入するなど、東南アジア地域以外との関連も持つ。これら異なる起源の植物が、

図1・1
コウヤマキと北海道の白亜紀層から見つかった8000万年前の球果の化石（中央）。秋篠宮悠仁親王のお印であるコウヤマキは、世界にただ一種しかないコウヤマキ科という科をつくる日本固有の針葉樹で、恐竜の時代からの長い時を経て、日本だけに残された遺存種。化石の長さは約7センチ。

氷期と間氷期の間に、南北や上下の移動を繰り返す一方で、列島各地の多様な環境に適応しながら、遺存種あるいは新たな種として、日本独自の植物相を形成し、他の生物を含めた多様かつ独自の生物相が成立する基礎となったのである（**図1・1**）。

生活を支える生物多様性

陸上の生態系は地球の水と大気の循環に大きく関連する。仮に、アマゾンのすべての木を切って、トウモロコシや大豆畑にしてしまったら、地球の水循環と大気循環が崩壊し、これらの作物すら安定して栽培できなくなるだろう。食料やバイオエネルギー用の植物栽培は、たとえ、単年度の減収でも経済に影響を及ぼし、世界を混乱に陥れる。それを防ぎ、安定した地球環境を維持しているのが、まさに、生物多様性である。

生活に必要な食物・薬・衣服・建築用材・家畜飼料など、

その大半は種子植物、特に、多様な被子植物に依存している。中生代白亜紀以降、被子植物の種数が急増した理由のひとつは、昆虫との緊密な関係、果実を介した哺乳類との関係など動物との共進化が促進されたためだ。今後も、植物を継続的に利用するのなら、他の生物も含めた生物多様性が維持されなければならない。よく、生物多様性は経済的にどれだけの価値を有するかという問題提起があるが、生物多様性そのものがなければ、経済という概念すら成り立たないのである。

多細胞生物が多様化し始めた六億年前以降の地球史において、「大絶滅」と呼ばれる事象は、五回あった。最大の絶滅は、約二億五千万年前のペルム紀と三畳紀との境界で起こり、海中で無脊椎動物の九六%が絶滅し、陸上生物相も大幅に変化した。ただ、歴史を見れば、「自然」は大絶滅から見事に復興し、全体的な生物多様性が右肩上がりに増加していることは確かで、絶滅は生き残った生物にとって、新たに進出可能な環境、あるいは、生態的な棲み処を増やす効果を持ち、新たな種の誕生にも寄与している。とはいえ、新種の誕生や、多様性の復活には、膨大な時間がかかる。恐竜が絶滅した、白亜紀最後の大絶滅では、植生も大きく破壊されたが、失われた森林の多様性が元に戻るのに百万年を要したのである（Wolfe and Upchurch, 1986）。

現在、人類が引き起こしている絶滅現象は、地質時代の平均的な絶滅速度に比べ、百倍から千倍の速度で進行している（Pimm and Sutherland, 1998）。また、人類が存在しなかった時代の「自然」は、現在のような生息地の消失や分断、汚染や急速な気候変動、膨大な数の外来種の急速な侵入といった、負の影響をほとんど受けていない。氷河期や間氷期などの気候変動に際して、生育地や生息地が狭められても、避難する場所や移動するのに必要な場所と時間の確保は、現在よりはるかに容易だったはずだ。この点、現在、生物が直面している状況は比べようがないほど厳しく、一度失われた種は、復活しない。新たな多様性の回復に百万年要するとして、それを「自然」に任せれば、人間の一世代を三十年として、少なくとも三万世代後になる。ここでは、「自然」に任せればよいという論理は成り立たない。

生物の初期の進化史では、新たな種が生まれ、生物多様性が増加することは、生態的に新たな棲み処を増やすことを意味する。水から陸に上がり、より乾燥した地域、寒冷地域にも進出、巨大な森林空間のわずかな葉の裏や、枝の上、土壌粒子の隙間など、微細な環境だけに生きる生物もいる。だが、地球の面積と空間は限定的で、進出可能な環境条件にも限りがあるから、生物同士の棲み処をめぐる競争があり、その際、敗者も出る。にもかかわらず、生物多様性が増加してきたのは、特定の生物同士が独自の共生関係を結ぶことで、互いに存続できることを可能にしたからにほかならない。被子植物が動物と助け合い、共進化することで多様性を増してきたことは、まさにその典型である。生物多様性の保全とは、単なる種や遺伝子の保存だけでなく、種の生息環境と巧妙な種間関係、つまり、生態系の保存が不可欠で、そのために地域ごとの細かい施策が求められることになる。

地域と生物多様性

例えば、千葉県は高山も急流もなく、一見、平板であまり特徴がないように見られがちだが、下総・

図1・2　ウォレミア（ウォレミマツ）
1994年にオーストラリアで発見されたナンヨウスギ科の原始的な針葉樹。南半球に白亜紀から同属と見られる化石があり、数百万年前に記録が途絶えた。コウヤマキや、中国で発見された「生きた化石」イチョウやメタセコイア（アケボノスギ）などと同様に、地域的な多様性が保全されていたからこそ、人類は生きたこの種と出会うことができた。

上総・安房と古来区分されてきた地域は、それぞれ、ほかには見られない地理的特徴と生物相を擁し、本州の北と南の生物相が接する地域であるため、意外な遺存的な種や、植生も見られる。一方、東京湾という豊かな内湾を抱くだけでなく、太平洋岸には長大な九十九里の砂浜と、外房の海食崖があり、沖では黒潮と親潮が出会う。このような地域的特性は、地球の歴史の中で唯一無二のものとして形成されてきたものであり、そこで暮らす生物も同様に、独自の歴史と、時間的・空間的特殊性を持つ。私たちは、どこに住まいを定めようと、それぞれの地域に見られる旧来の生物と、それらが形成する生態系や自然環境を誇り、できる限り理想的な姿で次世代に伝える義務があるのではないか（**図1・2**）。

温暖化という現象が疑いなく進行し、生物

多様性がそれに著しく影響を受ける可能性が高い現在、私たちは何をなすべきだろうか。気候変動に関する政府間パネル（ＩＰＣＣ）は早くから、生物多様性への影響を懸念しており、二〇〇二年にも、「気候変化と生物多様性」という報告を出した（IPCC, 2002）。そこには、世界の様々な地域や生態系において予想される問題点が詳細に挙げられていて、人類が温暖化対策として行う取り組みが、逆に、生物多様性に影響を与えるという懸念も含まれていた。ただ、この報告書には、実際に起きていることや対応策などが明確に示されていたわけではない。温暖化と生物多様性の変化、環境変動との関係を、個別に、量的に明らかにすることは容易ではないが、予防原則（**注1**）に照らせば、放置しておいてよい問題ではない。

現実的に考えれば、現在の生物多様性をまったく無傷で残すことは不可能だ。まず、何をどのように、どれくらい残すかを決め、同時に、現在の生物多様性に与える影響を最小限に食い止める方法を、自治体が独自に判断して実行できる仕組みが必要になる。各地域で行われるすべての生産活動や人間生活のあらゆる側面において、生物多様性への影響を念頭に置くことが必要な時代になったのだ。この際、「生物多様性」などの概念を子どもの時から刷り込むことが効果的だろう。社会的仕組みが働くためには、しかるべき知識の普及が欠かせないからだ。そのためには、地元の生物と野外で触れ合う機会を設け、その体験を生物多様性保全への意識にまで高める教育を施すことができる教師の養成や、その教育を支える教育施設が充実されなければならない。千葉県のように、県立中央博物館という基幹施設があり、自らの研究を通して詳細、かつ広範な視野でこのような教育にも貢献できる研究者が揃っている自治体は、全国的にまだ少ないが、こうした地道な積み重ねによってのみ、言葉だけでない真の教育が可能となり、意識の高い住民による環境と生物多様性への配慮、次世代への責任感の醸成が達成できるのではないだろうか。

注1 予防原則（Precautionary principle） 一九九二年のブラジルのリオ地球サミットで採択された原則で、問題とするある現象と、環境や健康への影響との関連性が科学的に立証されていないか、立証が難しい場合でも、予防的に対応策を構ずるべきであるという考え方。

参考文献

Berner, R. A. 1997.The rise of land plants and their effect on weathering and atmospheric CO_2. Science, 276 : 544–546.
Berner, R. A. 1998.The carbon cycle and CO_2 over Phanerozoic time : the role of land plants. Philos. Trans. Roy. Soc., B353 : 75–82.
IPCC, 2002. 気候変化と生物多様性 地球産業文化研究所（GISPRI）仮訳030210（ＰＤＦ版）
Pimm, S. L. and Sutherland, W. J.（eds.）1998. Conservation Science and Action. Blackwell, London.
Wolfe, J. A. and Upchurch, G. R. Jr. 1986. Vegetation, climatic and floral changes at the Cretaceous–Tertiary boundary. Nature, 324 : 148–152.

IPCC第四次評価報告書

平野礼朗

「温暖化には疑う余地がない」「二十世紀半ば以降に観測された世界平均気温の上昇のほとんどは、人為起源の温室効果ガスの増加によってもたらされた可能性が非常に高い（筆者注：「可能性が非常に高い」は九〇~九五%の可能性）」。これは、二〇〇七年二月に発表された気候変動に関する政府間パネル（IPCC）第四次評価報告書・第一作業部会報告書の一部である。第一作業部会報告書では、気候変動（地球温暖化）に関する自然科学的な根拠について、既存の論文を評価、最新の科学的知見としてとりまとめ、報告した。

次いで、同年四月に発表された第二作業部会報告書では、温暖化の影響、適応、脆弱性について、次のように評価。「すべての大陸とほとんどの海洋において、多くの自然環境が、地域的な気候の変化、特に気温の上昇により、今まさに影響を受けている」とし、報告書の表からは「気候変動に脆弱な分野においては、たとえ〇~一℃の気温上昇でも温暖化の悪影響が生じると予測される」ことが読み取れる。

さらに、同年五月に発表された第三作業部会報告書では、気候変動の緩和策（温室効果ガスの削減策）について以下のように評価した。「長期的な安定化を達成するには、世界の温室効果ガスの排出量がどこかでピークを迎え、その後減少していかなければならない。安定化レベルが低いほど、このピークと減少を早期に実現しなければならない」「今後二十〜三十年間の緩和努力によって、長期的な気温上昇量と、それに対応する気候変動の影響の大きさがほぼ決定される」「適切な投資、技術開発などへの適切なインセンティブが提供されれば、それぞれの安定化レベルは現在実用化した技術、または、今後数十年間において実用化される技術の組み合わせにより達成可能である」。

ＩＰＣＣは、同年十一月、第一〜第三作業部会報告書の内容を分野横断的にまとめた第四次評価報告書統合報告書を発表し、一連の第四次評価報告書をすべて発表した。この第四次評価報告書は、これまで以上に地球温暖化問題に関して、強いメッセージを伝えている。

世界の科学者の知見を結集

ＩＰＣＣは、世界気象機関（ＷＭＯ）と国連環境計画（ＵＮＥＰ）によって、一九八八年に設立された国連の組織であり、その任務は、「各国の政府から推薦された科学者の参加のもと、地球温暖化に関する科学的・技術的・社会経済的な評価を行い、得られた知見を政策決定者をはじめ広く一般に利用してもらうこと」である。ＩＰＣＣは、最高決議機関である総会、三つの作業部会（ＷＧ１〜ＷＧ３）、インベントリ・タスクフォースから構成され、二〇〇七年に第四次評価報告書（AR4：Fourth Assessment Report）を順次、公開した。IPCCはこれまでほぼ五、六年に一度、評価報告書をとりまとめており、一九九〇年に第一次、九五年に第二次、二〇〇一年に第三次評価報告書を発表している。

今回の第四次評価報告書は、百三十を超える国・地域の四百五十人を超える代表執筆者、八百人を超える執筆協力者、二千五百人を超える専門家の査読を経て作成された。報告書は、第一～第三作業部会報告書、統合報告書の四分冊から構成され、全体で英文約三千ページにも及ぶ膨大な報告書だ。

IPCC評価報告書の策定過程は次の通り。まず作業部会ごとに、各国から推薦された専門家の執筆者リストをもとに、専門分野はもちろん、地域分布、年齢、性別なども考慮し、全体を取り仕切る共同議長、各章の執筆に責任を持つ総括執筆責任者、執筆者、さらに、原稿を査読し意見を述べる査読編集者などを決める。選ばれた執筆者らは、新たに独自の研究を行うのではなく、担当箇所について、専門誌などにすでに発表された査読付き論文を評価してとりまとめ、原稿を執筆。それを各章ごとに総括執筆責任者らでまとめるとともに、総括執筆責任者らを中心に、政策決定者向け要約、技術要約などを作成する。

こうしてまとめられた報告書案は、執筆者らによる複数回の査読過程を経た後、各国政府に照会され、各国政府からのコメントを受け付ける。各国政府は特に、「政策決定者向け要約」に関して、政策決定者らに、理解しやすい記述かどうか、科学的に正確な記述かどうかチェックし、コメントする。そして、最後に各国政府からのコメントをもとに修正された「政策決定者向け要約（案）」について、各WGの総会の場で、各国代表者と科学者である執筆者らが一文ごとに審議・採択し、ＩＰＣＣ報告書として最終決定する。また、統合報告書はＷＧ１〜ＷＧ３の各作業部会報告書の内容を踏まえ、分野横断的にわかりやすくとりまとめ、ＩＰＣＣの最高決定機関であるＩＰＣＣ総会において、「政策決定者向け要約」は、一文ごとに、本文については、パラグラフごとに審議・採択して決定される。

このように、非常に多くの過程を経てとりまとめられる報告書は、査読過程だけでも二年の年月を要し、膨大な労力が注がれている。特に、最後の政策決定者向け要約が審議されるＷＧ総会と統合報告書が審議されるＩＰＣＣ総会の議論は、深夜にまで及び、徹夜で議論されることもある。しかし、この最終的な科学者と各国政府代表者との議論を経ることで、その内容は、科学者もそして各国も合意した温暖化問題に関する最新の科学的知見を網羅した文書として位置づけられ、各国政府内の政策を検討する場合や国際交渉の場において、重要な意味を持つ報告書となる。

疑う余地のない温暖化（第一作業部会報告書概要）

〈全般〉

第一作業部会報告書では、「気候変動の自然科学的根拠」として、気候変化の人為起源および自然起源の要因、観測された変化、原因の特定および将来の気候変化予測について、最新の科学的知見をとりまとめている。

第四次評価報告書第一作業部会報告書の大きなメッセージは次の点だ。

●気候システムの温暖化には疑う余地がない。このことは、大気や海洋の世界平均温度の上昇、雪氷の広範囲にわたる融解、世界平均海面水位の上昇が観測したことから今や明白である。

●二十世紀半ば以降に観測された世界平均気温の上昇のほとんどは、人為起源の温室効果ガスの増加によってもたらされた可能性が非常に高い（注：「可能性が非常に高い」は九〇～九五％の可能性）。これは、第三次評価報告書での「過去五十年にわたる、観測された昇温のほとんどが温室効果ガス濃度の上昇によるものであった可能性が高い（注：「可能性が高い」は六六～九〇％の可能性）」との結論を進展させるものである。識別可能な人間の影響が、気候の他の側面（海洋の温暖化、大陸規模の平均気温、極端な高低温、風の分布）にも及んでいる。

温暖化は疑う余地がなく、その原因は人為起源の温室効果ガスの増加であるとほぼ断定している。また、温暖化のスピードが近年加速していることも報告されている。

〈気温〉

（これまでに観測された変化）

・過去百年間（一九〇六～二〇〇五年）で世界平均気温が〇・七四℃上昇し、最近の五十年間の気温上昇傾向は、過去百年間のほぼ二倍。

・二十世紀後半の北半球の平均気温は、過去千三百年間のうち最も高温で、最近十二年（一九九五～

二〇〇六年）のうち、一九九六年を除く十一年の世界の地上気温は、一八五〇年以降で最も温暖な十二年の中に入る。

〈将来予測〉

・一九八〇年から一九九九年までに比べ、二十一世紀末（二〇九〇〜二〇九九年）の平均気温上昇は、環境の保全と経済の発展が地球規模で両立する社会においては、約一・八℃（一・一〜二・九℃）である一方、化石エネルギー源を重視しつつ高い経済成長を実現する社会では約四・〇℃（二・四〜六・四℃）と予測。

・二〇三〇年までは、社会シナリオによらず、十年当たり〇・二℃の昇温を予測。

〈海面上昇〉

〈これまでに観測された変化と将来予測〉

・二十世紀を通じた海面水位上昇量は十七センチ（十二〜二十二センチ）。

・一九六一年から二〇〇三年にかけての世界平均海面水位は、年平均一・八ミリ（一・三〜二・三ミリ）の割合で上昇。一九九三年から二〇〇三年にかけての上昇率はさらに大きく、年当たり三・一ミリ（二・四〜三・八ミリ）の割合だった。

	気温変化 （1980–1999を基準とした2090–2099の差（℃））		海面水位上昇 （1980–1999を基準とした2090–2099の差（m））
シナリオ	最良の見積もり	可能性が高い予測幅	モデルによる予測幅 （急速な氷の流れの力学的な変化を除く）
2000年の濃度で一定	0.6	0.3—0.9	資料なし
B1シナリオ	1.8	1.1—2.9	0.18—0.38
A1Tシナリオ	2.4	1.4—3.8	0.20—0.45
B2シナリオ	2.4	1.4—3.8	0.20—0.43
A1Bシナリオ	2.8	1.7—4.4	0.21—0.48
A2シナリオ	3.4	2.0—5.4	0.23—0.51
A1FIシナリオ	4.0	2.4—6.4	0.26—0.59

表2・1　IPCC AR4 WG1　表SPM-3：様々なモデルケースに対する、21世紀末における世界平均地上気温の昇温予測および海面水位上昇予測

〈将来予測〉

・一九八〇年から一九九九年までに比べ、二十一世紀末（二〇九〇～二〇九九年）の平均海面水位上昇は、環境の保全と経済の発展が地球規模で両立する社会においては十八～三十八センチである一方、化石エネルギー源を重視しつつ高い経済成長を実現する社会では二十六～五十九センチと予測。

〈その他〉

（北極の海氷）

北極の気温には大きな十年規模の変動があり、過去一九二五年から一九四五年にかけても、温暖な時期が観測されていると報告したうえで、過去百年間の平均では、世界平均の上昇率のほとんど二倍の速さで上昇したと報告。この結果、一九七八年からの衛星観測によれば、北極の年平均海氷面積は十年当たり二・七％（二・一～三・三％）縮小

し、特に、夏期の縮小が大きく、十年当たり七・四％（五・〇～九・八％）と報告している。将来予測では、北極海の晩夏における海氷は、二十一世紀後半までに、ほぼ完全に消滅するという予測もあると述べている。

（海洋の酸性化）

今回の報告書において、大気中の二酸化炭素の増加に伴い、海洋の酸性化が進行することが新たに指摘された。全球平均した海面のｐＨは、工業化以前の時代から現在までの〇・一の減少に加え、二十一世紀中にさらに〇・一四～〇・三五減少すると予測されると述べている。

（降水）

一九〇〇～二〇〇五年の間に、多くの地域で降水量が変化していることが報告され、南北アメリカ東部、ヨーロッパ北部、アジア北部と中部においては増加、一方、サヘル地域、地中海地域、南アジアの一部では乾燥化が進行していると報告。厳しく長期間の干ばつ地域が拡大する一方、ほとんどの陸域で大雨の頻度が増加していると指摘。

将来予測では、極端な高温、熱波、大雨の頻度が引き続き増加する可能性が非常に高いと予測され、降水量は、高緯度地域では増加する可能性が非常に高く、亜熱帯地域では減少する可能性が高いとされ、これはこれまで観測された分布の最近の変化傾向を継続するものとされている。

このほか、熱帯低気圧の年間発生数に明確な傾向はないものの、一九七〇年以降、強度が増していることが示唆され、気温の上昇に伴って、平均水蒸気量が少なくとも、一九八〇年以降、陸域、海上、上部対流圏でともに上昇していることが報告されている。台風やハリケーンについては将来、熱帯域の海面水温上昇に伴って、最大風速や降水強度が増す可能性が高いと予測。

また、量的には不確実であるものの、温暖化に伴って、大気中の二酸化炭素の陸域と海洋への取り込みが減少し、大気中への残留分が増加することを指摘している。

サンゴの白化、広範囲な死滅を予測（第二作業部会報告書概要）

〈全般〉

第二作業部会報告書では、気候変化が自然と社会に与える「影響」、自然と社会が気候変化に対してどの程度「適応」能力を持つのか、気候変化に対して、自然と社会はどのような脆さを抱えるのかといった「脆弱性」について、最新の科学的知見をとりまとめている。

第二作業部会報告書の大きなメッセージは次の通り。

- すべての大陸およびほとんどの海洋から観測された証拠は、多くの自然システムが、地域的な気候変化、とりわけ気温上昇によって、今まさに影響を受けていることを示している。
- この第四次評価は、将来の気候変化の影響は、地域によってまちまちであることを明らかにしている。全球平均気温の上昇が一九九〇年レベルから一～三℃未満である場合、ある影響はある場所のあるセクターに便益をもたらし、別の影響は別の場所の別のセクターにコストをもたらすと予測される。しかしながら、一部の低緯度域および極域は、気温のわずかな上昇の場合でさえ、正味のコストを経験すると予測される。気温の上昇が約二～三℃以上である場合には、すべての地域は正味の便益の減少か正味のコスト増加のいずれかを被る可能性が非常に高い。

● 適応は過去の排出に起因することから、もはや不可避的である温暖化から生じる影響に取り組む必要がある。

● 適応策と緩和策のポートフォリオにより、気候変化に伴うリスクを低減することができる。

〈温暖化影響に関する科学的知見の向上〉

気候変動が自然環境および人間環境におよぼす、すでに生じている主要な影響として、氷河湖の増大と拡大や、春季現象（発芽、鳥の渡り、産卵行動など）の早期化、動植物の生息域の高緯度化、高地方向への移動などが挙げられている。

〈予測される分野ごとの将来影響例〉

分野ごとに予測される影響の概要は次の通り。

・淡水資源については、今世紀半ばまでに年間平均河川流量と水の利用可能性は、高緯度およびいく

図2・1　IPCC AR4 WG2 表 SPM—1 世界平均気温の上昇による主要な影響

（影響は、適応の度合いや気温変化の速度、社会経済シナリオによって異なる）

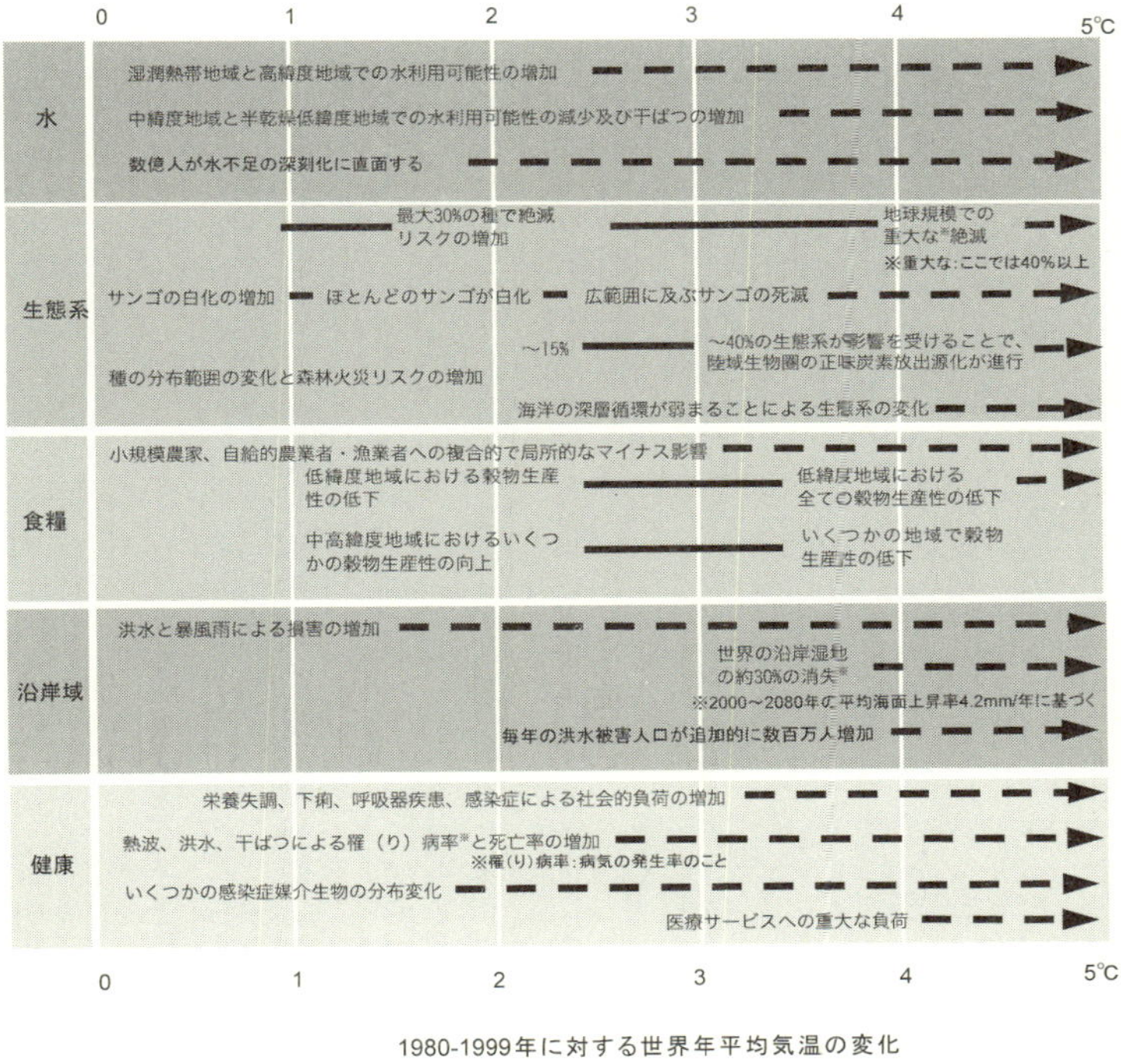

つかの湿潤熱帯地域において一〇～四〇％増加し、多くの中緯度および乾燥熱帯地域において一〇～三〇％減少すると予測。

・生態系については、多くの生態系の復元力が、気候変化とそれに伴う擾乱およびその他の全球的変動要因のかつてない併発によって、今世紀中に追いつかなくなる可能性が高い。

・約一～三℃の海面温度の上昇により、サンゴの温度への適応や気候馴化がなければ、サンゴの白化や広範囲な死滅が頻発すると予測した。

・食物については、低緯度域、とりわけ乾燥する熱帯地域では、地域平均気温の小幅の上昇（一～二℃）の場合でさえ減少し、その結果、飢餓リスクを増加させると予測。

・二〇八〇年代までに、海面上昇により、毎年の洪水被害人口が追加的に数百万人単位で増加すると予測した。洪水による影響を受ける人口は、アジア・アフリカのメガデルタが最も多いが、一方で、小島嶼は特に脆弱である。

〈その他〉

・将来の気候変化に対応するためには、現在実施されている適応では不十分であり、一層の強化が必要である。しかし、適応だけで気候変化の予測されるすべての影響に対処できるわけではなく、とりわけ長期にわたっては、大半の影響の大きさが増大するため、対処できない。適応策と緩和策を組み合わせることにより、気候変化に伴うリスクをさらに低減することができる。

今後二十～三十年の緩和努力要求（第三作業部会報告書概要）

〈全般〉

第三作業部会報告書では、気候変動の緩和策（温室効果ガスの削減策）について、ポテンシャルとコスト、今後の見通しについての最新の知見をバランスよくとりまとめている。

第三作業部会報告書の大きなメッセージは次の点だ。

● 温室効果ガスの排出量は、産業革命以降増加しており、一九七〇～二〇〇四年の間に七〇％増加した。現在の気候変動緩和政策および持続可能な開発に関する実践手法のもと、世界の温室効果ガス排出量は、今後数十年間増加し続ける。

● 【二〇三〇年を見通した削減可能量】今後数十年にわたり、世界の温室効果ガスの排出量の緩和ではかなり大きな経済ポテンシャルがあり、それにより世界の排出量で予測される伸びを相殺する、または排出量を現在のレベル以下に削減する可能性がある。

● 【長期的な緩和】大気中の温室効果ガス濃度を安定化させるためには、いずれかの時点で排出量を最大にし、その後は減少させる必要がある。安定化レベルが低ければ低いほど、この濃度ピークとその後の減少が起きる時期を早くする必要がある。今後二十年から三十年間の緩和努力が、より低い安定化濃度の達成機会に大きな影響を与える。

●評価された安定化水準の範囲は、現在利用可能な技術および今後数十年間に商業化が期待される技術のポートフォリオを展開することで達成可能である。ここでは、技術の開発、取得、展開、普及のための、そして関係する障壁に対処するために適切でかつ効果的なインセンティブが導入されるものと想定する。

●炭素の真の価格または暗示価格を示す政策は、生産者や消費者に対して、低温室効果ガス製品、技術、プロセスに多額の投資をするインセンティブを提供する可能性がある。そのような政策には、経済手法、政府の投融資、規制が含まれる。

〈短中期（二〇三〇年まで）の緩和〉

二〇三〇年を見通した削減可能量は、予測される世界の排出量の伸びを相殺し、さらに、現在の排出量以下にできる可能性があると報告している。二〇三〇年における削減可能量は、積み上げ型の研究によると、炭素価格が一トン当たり二十米ドルの場合は、年九十億～百七十億トン（二酸化炭素換算）であり、同様に、百米ドルである場合は、年百六十億～三百十億トン（同）であると報告。

また、温室効果ガス削減への取り組みの結果として、大気汚染が緩和されることで短期的な健康上の利益があり、緩和コストを相当程度相殺する可能性があると評価。短中期的な緩和策では、エネルギー供給や運輸、建築など分野ごとに具体的な緩和策の例を挙げ、評価している。

カテゴリー	放射強制力	二酸化炭素濃度	温室効果ガス濃度（二酸化炭素換算）	気候感度の最良の推定値を用いた産業革命からの全球平均気温上昇	二酸化炭素排出がピークを迎える年	2050年における二酸化炭素排出量（2000年比）	研究されたシナリオの数
	W/m^2	ppm	ppm	℃	西暦	%	
Ⅰ	2.5-3.0	350-400	445- 490	2.0-2.4	2000-2015	−85 ～−50	6
Ⅱ	3.0-3.5	400-440	590- 535	2.4-2.8	2000-2020	−60 ～−30	18
Ⅲ	3.5-4.0	440-485	535- 590	2.8-3.2	2010-2030	−30 ～＋5	21
Ⅳ	4.0-5.0	485-570	590- 710	3.2-4.0	2020-2060	＋10 ～＋60	118
Ⅴ	5.0-6.0	570-660	710- 855	4.0-4.9	2050-2080	＋25 ～＋85	9
Ⅵ	6.0-7.5	660-790	855-1130	4.9-6.1	2060-2090	＋90 ～＋140	5
総計							177

表2・2　IPCC AR4 WG1　表SPM-5：第３次評価報告書以降の安定化シナリオ

〈長期（二〇三一年以降）の緩和〉

大気中の温室効果ガス濃度を安定化させるためには、排出量はどこかでピークを迎え、その後、減少させていかなければならない。安定化レベルが低ければ低いほど、このピークとその後の減少を早期に実現しなければならず、今後、二十～三十年間の緩和努力によって、回避することができる長期的な地球の平均気温の上昇と、それに対応する気候変動の影響の大きさがほぼ決定されると報告、一覧表にまとめている。

これらの安定化レベルは、適切な投資、技術開発などへの適切なインセンティブが提供されれば、現在、実用化されている技術や、今後、十年間で実用化される技術の組み合わせにより、達成可能と評価。温室効果ガスを四百四十五～七百十ｐｐｍ（二酸化炭素換算）の間で安定化させるために緩和策を講じた場合のマクロ経済への影響は、二〇五〇年において、国やセクターにより異なるものの、世界平均では、ＧＤＰ国内総生産一％の増加から五・五％の損失までの値をとると予測。

以上のように、第一線の科学者が、既存の論文を評価し、とりまとめ、さらに、世界各国政府代表者の審議・同意を得たＩＰＣＣ第四次評価報告書には、温暖化問題に関する様々な最新の知見が網羅されている。特に、「今後二十～三十年間の緩和努力によって、長期的な気温上昇量と、それに対応する気候変動の影響の大きさがほぼ決定される」と指摘。将来、何世代にも及ぶ温暖化の影響をどこまで抑えることができるか、それは、まさに、「今」現在を生きる我々にかかっていると強調している。

参照

環境省ＨＰ「ＩＰＣＣ第４次評価報告書について」
http://www.env.go.jp/earth/ipcc/4th_rep.html
ＩＰＣＣ　ＨＰ　http://www.ipcc.ch/

生物多様性の持続的利用
——現実と明日への期待——

岩槻邦男

生物多様性が示す現象は多様な現れ方をするため、単一の原理にまとめて表現することは難しい。しかも、多様な生物の個々の種が示す現象は、それぞれについて気候変動との関連が科学的に実証できるほど解明されているわけではないため、他分野の科学者に対しても、一般の人々に対しても、科学的に実証された形で説明ができない。隔靴掻痒の感を拭い去ることができないのは、この分野にとっての宿命でもある。

一九九七年に第三回気候変動枠組条約締約国会議（ＣＯＰ３）が京都で開かれてから、十年。過去十年の研究環境や社会における理解の変遷をたどってみると、気候変動に関しては、科学者の間の認識も、一般の人々の理解もかなり進んできたと言える。ＩＰＣＣは、大量の観測情報に基づき、データが足りないなどと口をはさめない状況をつくり上げ、一般の人々にも納得しやすい状況を生み出した（詳細は一一ページの平野論文参照)。その意味で、二〇〇七年のノーベル平和賞がIPCCの業績に対して授与されたことは、極めて正しい選択だったと言える。

気候変動への取り組みの華々しい成果に比べ、同じ一九九二年の国際条約で、改めて社会的な関心の高まりが期待された生物多様性にまつわる環境には、さほど大きな進歩が見られない。これは関連の研究者の責任というわけではなく、生物多様性にかかわる超大量の情報の基盤整備さえもが、現在の科学の力ではおぼつかない状況にあるためだ。しかも、そういう状況さえ、他分野の科学者にも、一般の人々にも、十分に認識されてはいない。それは、基盤整備が進んでいる部分でも、その効果が社会的な反応を引き起こすまでに至っていないことを意味する。GBIF(地球規模生物多様性情報機構)の活動に関する伊藤論文(三七ページ)は、その難しさを示しながら、なお、前向きに進んでいる取り組みを披露している。その間の事情を明らかにすることで、関連分野の科学者にとって今、何が必要とされているか、また、一般の人々がこの問題をどのように理解したらよいか、考察したい。

理解を深める情報提供を

気候変動枠組条約と生物多様性条約はともに、一九九二年のリオデジャネイロ国連環境会議(地球サミット)で採択され、先進国の中で、日本は最も積極的にこれらの問題に対応してきた。とは言うものの、リオ+10と呼ばれたヨハネスブルクサミットから五年も経過したにもかかわらず、これらの国際条約が提起した問題の本質が一般に十分伝わっているという状況にはない。

日本は、国として、率先して生物多様性条約を批准し、その成立に寄与したうえ、気候変動枠組条約のCOP3では、京都議定書の策定に指導力を発揮した。しかし、日本の生物多様性研究者のうち、一体どれだけの研究者が国内における問題意識の喚起に尽力し、国際的に有用な資料を提供して、科学的知見の解明に貢献したかというと、心もとない。一方、米国は、国家としては、生物多様性条約に署名したものの、まだ批准していないうえ、いったん参加を表明した京都議定書から途中で離脱したことは周知の通り。半面、両条約の成立に大きな貢献をなし、成立後の展開にも推進力を発揮している米国の科学者も多いことは、記憶されてしかるべきである。

最近のメディアの報道は、地球温暖化についてほぼ、正確に情報を伝えていると言えるが、中には、いたずらに危機感をあおるような報道も見受けられる。このため、地球温暖化に一定の認識が深まっても、温暖化がなぜ、地球の明日にとって問題なのか、正確な理解が得られるに至っていない。

確かに、気候が温暖化する結果、氷結している極地などの氷が解け、海面の潮位が上がり、関東平野の広い部分が水没するとか、ツバル（南太平洋上の島国）が消え去ってしまうという例示が、メディアの格好の話題になっている。ただ、関東平野が潮位以下になっても、水没を防止する程度のことは現代の技術を活用し、時間をかければ、それほど困難なことではない。実際、オランダでは海水面より低い国土がかなりの部分を占めるが、それで大騒動が起きるということにはなってはいない。

こうした過剰反応はともかく、気候変動が生物多様性に与える影響も、一般の人々はおろか、指導者や、政策決定に関与する人たちに十分理解されていないのが実情である。その原因は理解を深化させるだけの情報の構築が遅れているからで、それはまさに、危機的な状況にある。そこには、生物多様性という巨大な対象が、ひと筋縄で処理できるような代物でないという事実も横たわっている。生物多様性という対象について、科学がこれまでに知り得た知見はごく一部に過ぎない。まず、数字で考えてみよう。これまでに地球上で認知された生物の種数は約百五十万種。実際、地球上に生存している生物種は、おそらく数千万種、あるいは一億種以上と推測される。これに対し、有史以来、知的好奇心に促されて知り得た生物種数が百五十万種余に過ぎないことを考えると、数千万種を認識し、識別するのに、これからどれほどの歳月がかかるのか、想像することさえ困難だ。

ヒトゲノムという言葉は、今では大半の人が知っている。膨大なエネルギーと資金を投入した国際的な共同研究により、ヒトゲノムの解析が終わった時、「これでやっと、ヒトを対象とした科学的な研究ができる基盤が整った」という声が聞かれた。しかし、このことは、全ゲノムの解読ができていない他の大半の生物種については、科学的な研究の基盤さえまだ整備されていないということの裏返しである。全ゲノムが読み取られた種は千にも達していない。認知されている種の数だけを対象にしても千分の一にも届かず、推定される地球上の全種数を対象にすれば、十万分の一に過ぎないということになる。このような現状を前提にしたまま、生物多様性の現状診断と、将来のあり方に関する指針づくりが求められているのだから、容易なことではない。

レッドリストのモニタリングで種の回復確認

科学的に不確実性が多いからといって、生物多様性関連の研究者が、生物多様性に忍び寄る危機を座視しているわけではない。そのひとつの例が、危機を一般に訴えるために最初に取り上げられた絶滅危惧種の頻発という指摘だ。欧米では一九六〇年代から、絶滅の危機に瀕する生物種が多数見られることが指摘され、学会レベルで調査研究が推進された。それをレッドリストとしてまとめた資料は、政策決定者にも理解され、一九七〇年代前半には種の保存法などで、生物多様性保全に向けた対応が始まる。そのような背景のもとに、国際的に生物多様性条約の策定などが模索され始めた。

日本でも、一九八〇年代半ばから、植物のレッドリストが全国規模で編纂され、当初はＷＷＦ－Ｊや ＮＡＣＳ－Ｊ などのＮＧＯに支援され、のちには、環境庁（環境省）の事業を支える形で、日本植物分類学会がこの問題に積極的に対応してきた。ただ、生物多様性が示す現象は、種ごとに特異的に顕現するという特徴がある。ところが、科学は自然界に見られる諸現象に通底する普遍的な原理原則を集約することを基本に推進されなければならないから、生物多様性のように、種が個別に、種特異的に現れると、普遍的な原理に集約することは容易でない。しかも、地球上に現存する、億を超えるかもしれない種のうち、やっと、約百五十万余だけが認知されているに過ぎないうえ、全ゲノムの解読ができて、科学研究の対象になる準備が整っているものが指折り数えるほどしかないということであれば、科学的に普遍化し、かつ、正確に問題点を把握して、その対処法を提起するまでには、相当の時間を要することは言うまでもない。

絶滅の危機に瀕するという現象は、種によって異なった現れ方をするとはいえ、危険性の度合いまで含めて、相当程度は客観化できる。生物多様性にまつわる現象のうち、絶滅の動態を数量化する絶滅危惧種の調査研究は早くから生物多様性の研究者によって手掛けられ、社会に問題提起するための希有な資料として使われてきた。

日本の植物に関してこの種の調査をする際、限られた専従研究者だけでは、正確な情報収集は不可能である。ところが、幸い、日本には、専従研究者に負けない知見を有する non-professional naturalists（非職業自然科学者）の厚い層が存在する。専従研究者はこれらの人たちと緊密に連携し、相互に情報交換することによって、研究面でも大きな便益を受け、専従者が少ないという絶対的に不利な条件を乗り越えて、国際的に通用する研究成果を上げてきた。このような伝統に基づき、non-professional naturalists がボランタリーに集積したデータが提供された結果、短期間で国際的なレベルに達したレッドリストを作成することが可能になった。

環境庁（当時）もいち早くこの視点からの調査を始め、リオ・サミットに照準を定めた種の保存法策定の際、すでに集積されていた基礎的情報を有効活用し、それ以来、細々とではあるが、絶滅危惧種に対する対応が進められつつある。二〇〇〇年には植物の国定版レッドリストが刊行され、二〇〇七年までに最初のモニタリングも行われ、その結果が同年八月に公表された。このモニタリングの結果を、植物について見ると、リストへの登載種数にはほとんど変動はないものの、比較的よく知られている種で、危険性の度合いが減っているものや、リストから削除されるものがあることがわかる。新たにリストに加わる種には、調査が進んだ結果、危惧種と確認されたという例が多いが、負荷が減少しているものでは、人為的な圧迫が軽減されていることが読み取れる。この問題の深刻さが広く浸透し、対策が施されていることが、わずかではあるが、効果として結実していると思われる。

レッドリストについても、「危ないのは個々の種ではなく、その種が生活する生態系そのものだ」と、これらの調査活動に懐疑的な見方が生物学者の中にもまだ存在するが、生物多様性の現状を正確に認識するには、数量的な基盤による評価は欠かせない。ＩＰＣＣが問題の深刻さを無関心層にまで説得力を持って語りかけることに成功しているのは、広範なデータに基づく推計値がわかりやすいからだ。これを参考にして、レッドリストを指標とした、生物多様性の変動の現実を客観的に評価する活動を展開する必要がある。

そのためには、数量的な処理を科学的に洗練されたものにすることが不可欠だ。二〇〇七年のコスモス国際賞は Georgina Mace 教授に贈られた。彼女の業績はレッドリスト登載種の評価を、いかに、客観的評価に基づいたものにするかという課題に取り組んだことにある。この種の研究に基づき、より科学的な評価がなされ、説得力のあるレッドリストが編纂されることを期待したい。危機の実態を知ることが終着点ではなく、危機から脱却するための対策を打ち立てることが目標であることは言うまでもないが、地球温暖化と生物多様性の相関について言えば、絶滅危惧種に見られる現象が、どこまで地球温暖化とかかわっているのか、数量的にその因果関係を示すデータは残念ながら、今のところない。

生物多様性の動態を、一般の人にもわかるように提示するには、レッドリストなどにより数量化できる現象としてとらえることが必要だと述べたが、これと並行して、生物多様性を総体としてとらえ、そこに顕現している動態を確認しなければ、本質に迫れない。

人為によってもたらされる急速な地球温暖化が生物多様性に与える甚大な影響とは、温暖化という無機環境要因が多様な生物の個々の種に種特異的に顕現し、個々の種が種特異的に反応することから生じる現象を指す。温暖化がすべての種にほぼ同様の影響を及ぼし、すべての種がほぼ同じ反応を示すとしたら、それは冷温帯が暖温帯になり、暖温帯が亜熱帯化するだけの話だ。これにより、これまで農業生産が期待できなかった寒帯でも、農業が盛んになり、資源の供給が増えることが期待できると、一部の人が考えるように、好都合なこともありうるかもしれない。しかし、話はそれほど単純ではない。急激な温暖化により、ある種は絶滅し、ある種はより冷涼な場所へ移動するだろう。また、種によって対応が異なるため、成立していた生態系は構成種の成り立ちを崩し、地球上のほぼすべての場所で平衡を失うことになる。生態系は多数の種の複合体として存在しているから、構成要素がいくつも欠落すれば、整っていた生態系は容易に崩壊につながる。地球温暖化が生物多様性に及ぼす究極の問題は、まさに、そこにある。

急激な地球温暖化が生物多様性にどのような影響を及ぼしているか、その現象を普遍的に示すだけのデータを、我々はまだ持ち合わせていない。しかも、温暖化は一段と進んでいて、今後もさらに進行すると予測されている。まさに、危機と言ってよい。

情報ネットワーク化の加速を

ＯＥＣＤ（経済開発協力機構）の提唱に基づいてつくられたＧＢＩＦは現在、地球上の各地で様々な形で蓄積されている生物多様性に関する電子化された情報を、地球規模で統一してネットワーク化する事業を推進している。そこでは、すでに一億を超えるデータが集成されているが、それも、氷山の一角に過ぎない。

二十一世紀の科学として、生命科学と情報科学の発展が最も期待されているが、さらに、両者が合体したバイオインフォマティクスが科学の進展の基盤をつくり、人間生活の向上にも大きく貢献すると見られている。このバイオインフォマティクスが、情報量が格段に大きい生物多様性を研究の対象にすれば、という期待もあるが、まだ現実味を帯びていない。ただ、ＧＢＩＦなどの活動に成果が見られるなら、十年後、二十年後に生物多様性のインフォマティクスが科学のうちで、最も重要な位置を占めるに違いない。その意味で、生物多様性の基盤情報の構築にさらなる努力を重ね、電子化された情報のネットワーク化を推進することが、鍵を握ることになろう。

地球温暖化は何よりも、地球上の生物相に大きな変化を強要し、急激な温暖化は、生物相の自然な変動に時間的余裕を持たせず、壊滅的な打撃を与えることになるだろう。気候変動だけでも、生物多様性に決定的な影響が生じることは明らかで、人為によって生物多様性に強い圧迫が加えられるとしたら、人の営為が自らの生存環境に絶望的な結果をもたらすことになることを覚悟しなければならない。変化は徐々に進行し、明らかに変化が生じたという事実に接した時には、おそらく、生物多様性にとって救いがたい状況が到来しているはずだ。そこまで追い込まれないうちに、レッドリストに見られる変動を指標として、生物多様性に何が生じているか、地球規模で恒常的に監視することは、最低限の行動と言える。実際、前述したように、二〇〇七年八月公表の植物のレッドリストのモニタリング結果は、絶滅に向けて追いやられている植物種のうち、保全活動によって、勢力を回復しているケースが少なくないことを我々に示したのだ。

人は多様な生物とともに生きている。四十億年にになんなんとする生物進化を共有し、今も、共同で生命系を構成している他の多様な生き物たちとひとつの統合的な生を生きている。人が独自に生物多様性を活用しているのではなく、ヒトという種も生命系のひとつの要素として、その生の歯車に組み込まれているのだ。その認識に立って、生物多様性とともに生きることを志向することが、地球の持続性を維持、発展させるのではないか。

データの蓄積が急務
——ＧＢＩＦによる情報集積と発信——

伊藤元己

地球は四十六億年前に誕生し、四十億年から三十八億年前に生命が誕生したと推定されている。その後の地球環境の変遷は、地球の物理環境と生命との密接な相互作用の結果もたらされたものだ。その中で地球は大きな環境変化を経験し、時には、多数の生物種が絶滅する大量絶滅事件が何度も繰り返し起きた。また、大気の組成もほとんど酸素がなく、二酸化炭素を多く含む原始大気から、現在のような二〇％ほどの酸素を含んだ大気に変化した。このような大気組成の変化やその他の要因により、温暖な時期、寒冷な時期を繰り返し経験してきた。

現在、地球では、これまでの歴史上経験したことがないような急速な環境変化が進みつつある。それは、人口の増加とそれを背景とした地球環境の急速な悪化であり、具体的には世界の森林面積の減少、急激な速度での生物種の絶滅、地球温暖化に伴う異常気象の続発などとして表面化、地球規模での環境変化が人々の関心を集めている。これらの問題は一国家や地域でなく、地球全体の問題であり、国際的な取り組みで対応しなければ解決できない。

このような背景のもと、地球環境問題と密接にかかわりを持つ生物多様性の重要性に関する認識も国際的に高まり、一九九二年のリオの地球サミットをきっかけに締結された生物多様性条約はじめ、国際的な取り組みが数多くなされている。生物多様性の動態の研究や科学的評価に基づく施策を行うため、生物多様性に関連する情報を求める機会が増えているにもかかわらず、実際に生物多様性に関する情報を集めようとすると、どのような資料がどこにあるのかさえも十分に把握することが難しく、地球規模での情報収集を行おうとすると、大変困難な作業が待ち受け、研究や施策に十分活用することができなかった。

目標は生物分布情報十億件

そこで、経済協力開発機構（ＯＥＣＤ）に設置されていたメガサイエンス・フォーラム（現在、グローバル・サイエンス・フォーラム）は、国際的な生物多様性の持続的活用を目的として、生物多様性に関する情報を集積・発信する機構の設立を提言、二〇〇一年に地球規模生物多様性情報機構（Global Biodiversity Information Facility：ＧＢＩＦ）が設立された。博物学の流れをくむ生物多様性情報の集積がなぜ巨大科学であるのか、という疑問を持つ人も多いかもしれない。確かに、生物多様性科学の基本

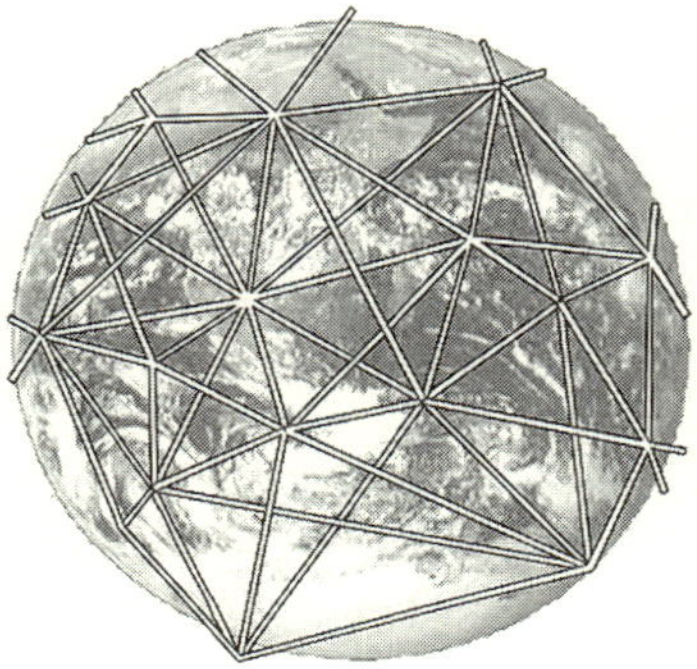

図3・1　GBIFのイメージ
GBIFは巨大科学機構であるが、その実体は全世界中の生物多様性研究機関の参加によるネットワーク組織である。

である標本の維持や、生物分類体系の構築は、各研究機関・博物館単位の活動や、特定の分類群の研究だけを考えると、それほど大きな規模の設備が必要な科学活動ではない。しかし、その総体が生物多様性科学の研究などで共同利用されるひとつの基盤と考えると、扱わなければならない資料と情報量はとてつもなく巨大な規模になり、その収集とシステム構築はまさに、巨大科学と呼ぶのにふさわしいものである。他の巨大科学機構で、巨大加速器や大型天体望遠鏡などの巨大な施設や観測装置などを共同利用して研究を行うのと同様、生物多様性科学は生物界全体の標本などを共同利用するわけだ。

ＧＢＩＦは他の巨大科学機構と異なり、目で見て実感できる装置を持たない。実際、ＧＢＩＦの事務局は、デンマークのコペンハーゲン大学にある動物博物館の一フロアーに存在するだけで、ＧＢＩＦの実体は世界各地にある生物多様性情報を提供する機関（データ・プロバイダー）をインターネットで結合した巨大情報ネットワークである（**図3・1**）。ＧＢＩＦは覚え書きを取り交わした国や機関で構成され、現在、四十七の国・地域と三十五の

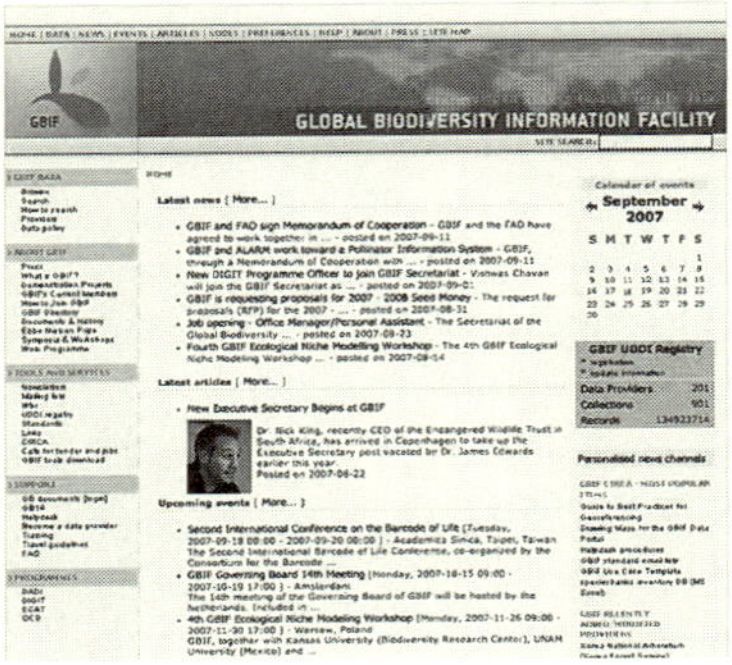

図3・2
GBIFのホームページ（http://www.GBIF.org）
主にニュースなどを配信している。

国際機関が参加している。これらの機関が地球上を覆う有機的ネットワークをつくり、機能している姿を想像してもらいたい。

二〇〇二年から〇六年に行われたGBIFの第一期計画では、主に生物多様性情報の基盤整備として、自然史標本・観察記録の電子化と既知種の辞書化に注力して、活動してきた（**図3・2**）。その結果、現時点で一億件を超える生物の標本と観察記録がGBIFポータルから利用可能になっている（二〇〇七年十二月時点で、一億四千万点の情報が二百十四のデータ・プロバイダーから提供されている）（**図3・3、3・4**）。また、生物名情報に関しては、百万件を超える学名が集積済みで、すでに活用されている。生物の分布情報の一億件という数は膨大な量と思えるかもしれないが、全地球規模で、二百万種近くある既存生物種を考え合わせると、研究や施策に積極的に活用するにはいかにも少なすぎる。

第一期の活動評価を経て、二〇〇七年から第二期の事業を継続して行うことが決まり、現在、さらなる情報集積の加速と、情報の高精度化、情報利用の促進に向けて注力中だ。第二期の計画では、情報集積量に関しての数値目標として、第二期終了の二〇一

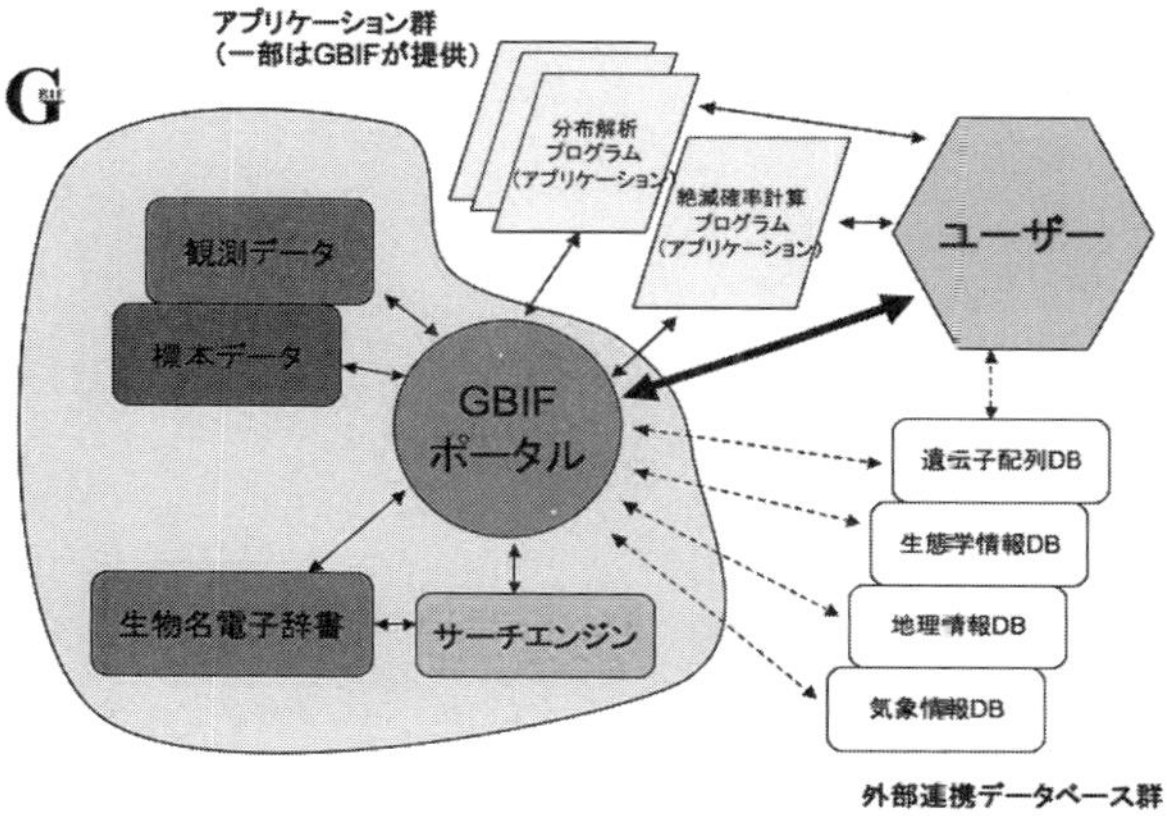

図3・3　第１期GBIFポータルを使った生物多様性情報の利用

図3・4
GBIFデータ・ポータル（情報の窓口）
(http://data.GBIF.org/)
生物多様性情報の利用はこのページから行う。

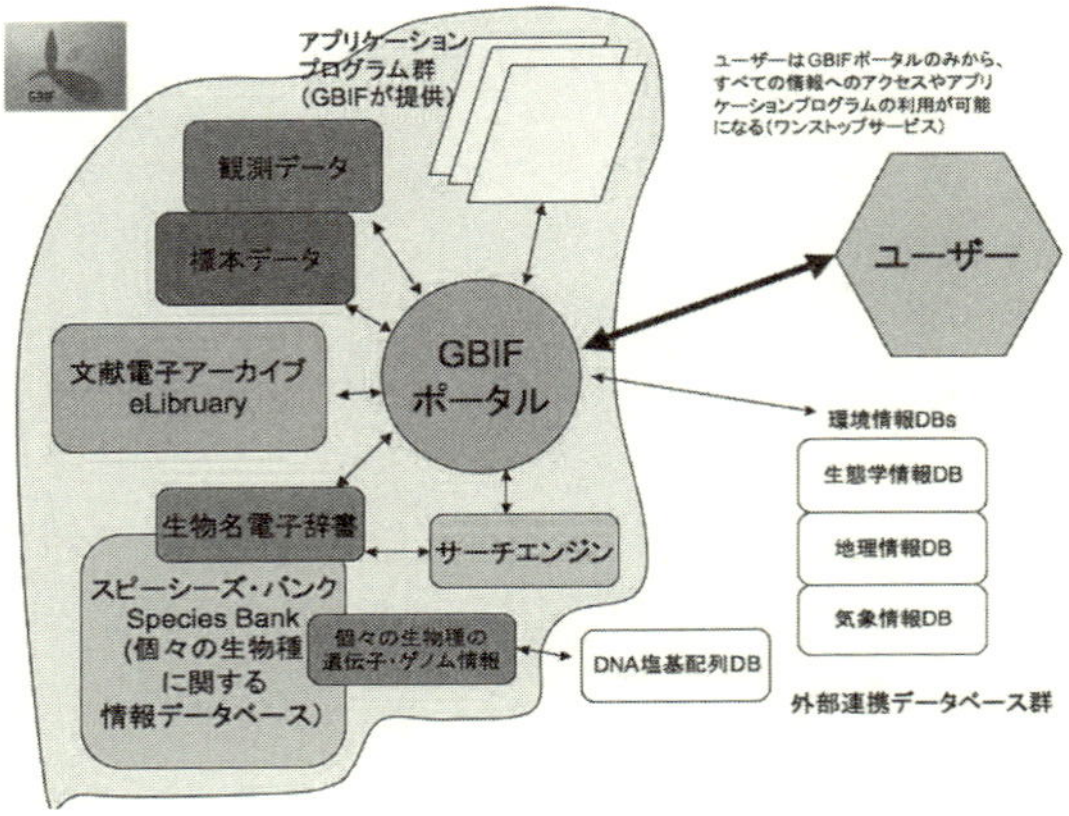

図3・5
第２期GBIFポータルを使った生物多様性情報の利用

一年に生物分布情報十億件、加えて、既知のすべての生物種に関する種名情報を提供することを定めている。

ＧＢＩＦは、それぞれのデータ・プロバイダーが提供する生物多様性情報を集積、ひとつのデータベースとして運用、現在、二百を超えるデータ・プロバイダーから発信されている情報を、コペンハーゲンはじめ世界に三カ所あるサーバーを通じて提供している。ＧＢＩＦの第一期計画では、生物多様性情報の提供はテスト運用のデータ・ポータル（情報利用のためのWebページ）で行ってきたが、二〇〇七年七月より新たなデータ・ポータルに切り替え、本格運用に移行した（**図3・4**）。さらに、第二期計画からは、種情報を蓄積するスピーシーズ・バンクをめざした活動が開始され、各生物種の多様な情報が一元的に提供されることになる（**図3・5**）。

パソコンで生物分布変化予測が可能に

現在、ＧＢＩＦはじめ、様々な国際活動による生物多様性情報の集積と情報科学技術の発展で、「生物多様性インフォマティックス」という新たな研究分野が立ち上がりつつある。これは、ＤＮＡ塩基配列データベースが充実し、遺伝子やゲノム研究が急速に進展した時期に例えることができよう。ＤＮＡ塩基配列も集積量が少なかった時期は、データ収集や活用に関して十分な活動ができなかったが、ある臨界量を超えた時点で、蓄積と利用の正のフィードバックが起き、現在では、生命科学の研究上で、必要不可欠の基盤となった。ＧＢＩＦが供給するデータは当然、生物多様性そのものの研究（分類学など）や生物多様性を利用した分野の研究に用いられるが、特に、ＧＢＩＦの設立の経緯から、生物多様性の持続的利用政策、生物多様性の保全など、基礎から応用研究まで広く使われるに違いない（図３・６、３・７）。

現在、生物多様性情報利用促進のため、ＧＢＩＦが提供するデータを用いたアプリケーションプログラムの開発が数多く行われている。ＧＢＩＦではデモンストレーションプログラムとして、生物多様性情報のためのアプリケーション開発をサポートしていて、当プログラムのもとで開発されたEcological Niche Modelingによる生物種の自然分布、移入種の動態予測、環境変動時の分布変動、希少種の絶滅確率予測などが可能なアプリケーションが現時点で利用可能だ。中でも、Ecological Niche Modelingによ

図3・6

GBIFデータ・ポータルによるセイヨウタンポポの分布データ表示

GBIFデータ・ポータルからセイヨウタンポポ（*Taraxacum officinale*）を検索し、地理情報（緯度・経度）を持つ情報により、分布図が自動的に作成される。分布の点がヨーロッパと北米（特に米国）に多く見られるが、これは現時点では地理情報を付加された情報がこの2地域から多数提供されているためであり、実際の分布状況は反映していない。

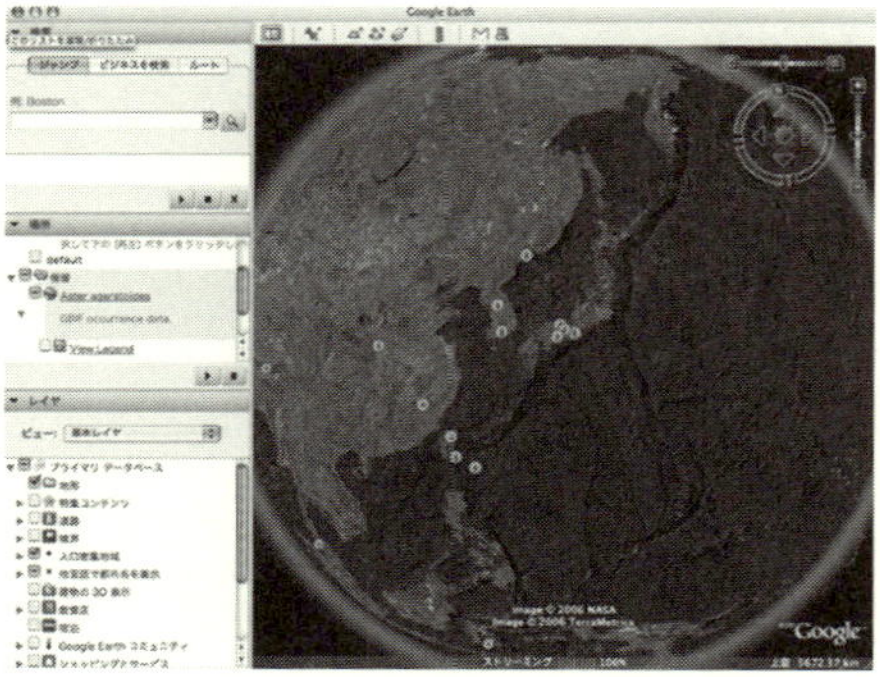

図3・7

Google Earthとの連携

GBIFデータ・ポータルからはGoogle Earthで直接表示可能な形式で分布情報がダウンロード可能である。このデータを用いて、Google Earth上で分布状況の詳細な確認ができる。この図ではシロヨメナ（*Aster ageratoides*）の分布を示している。

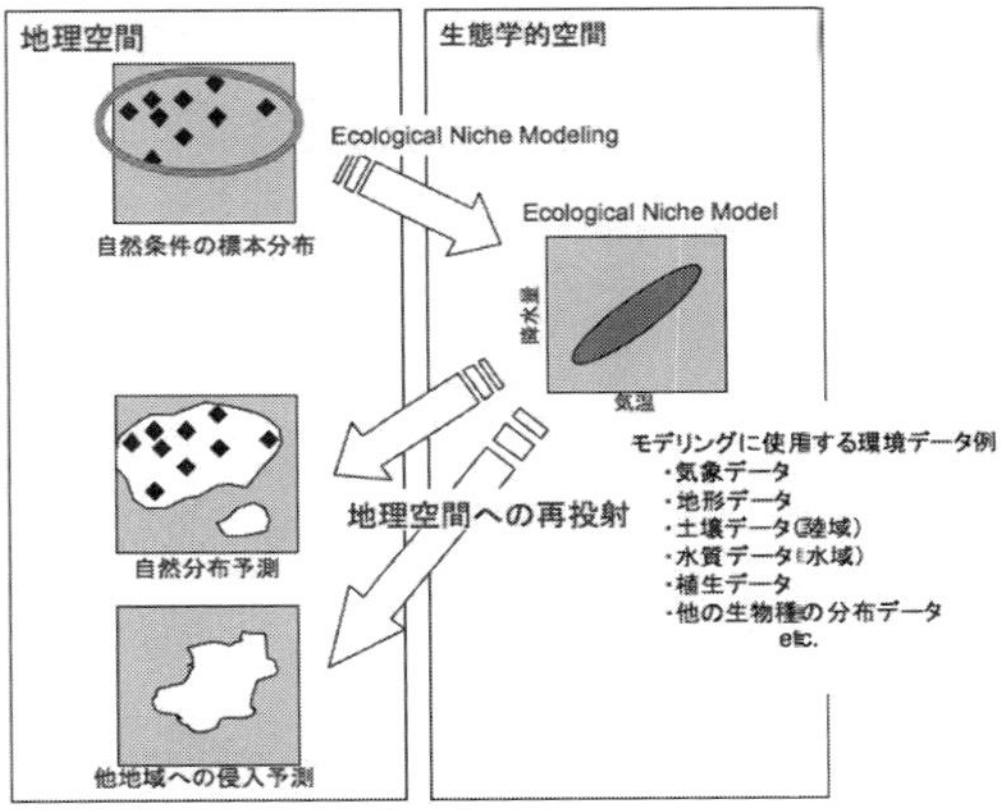

図3・8
Ecological Niche Modelingの概要

る分布予測は実際の適用例がすでに多数ある。Ecological Niche Modelingとは、生物の分布情報と、その地域の様々な環境情報を用いて、どのようなニッチ（生態的地位）に該当生物種が生息可能かを推定する方法。具体的には、ある種が分布している場所を各種環境パラメータで作成した生態学的空間に投影し、その分布可能性を計算して、最適モデルを作成、このモデル（Ecological Niche Model）を用いて、実際の環境分布に当てはめることで、分布可能性を確率として得ることができるというものだ（**図3・8**）。

Ecological Niche Modelingは、外来生物の分布拡大予測、希少種の生息地予測、感染症の媒介生物の推定と、感染拡大の予測など、多岐にわたって利用されているが、日本でも、特定外来種に指定されているコグチバスの分布拡大可能性の予測などに用いられている。さらに、Desktop GARP（http://nhm.

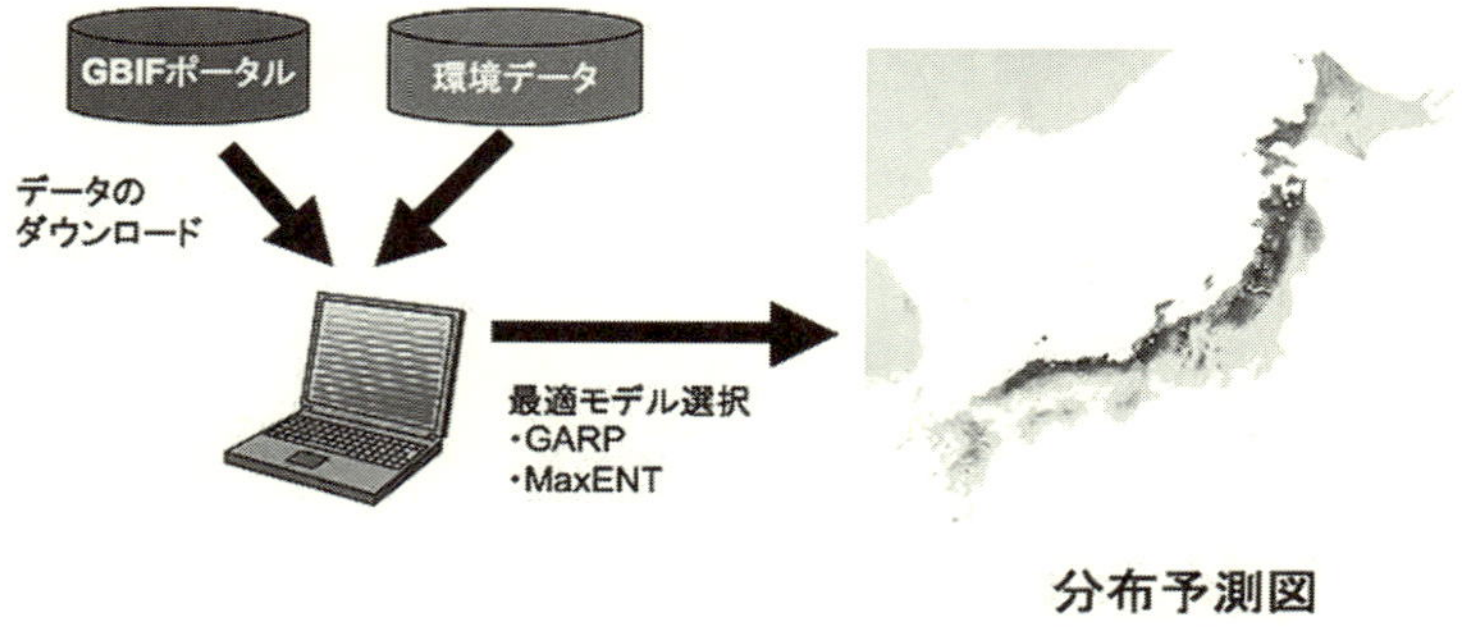

図3・9
Ecological Niche Modelingによる生物分布予測
GBIFデータ・ポータルからダウロードした分布情報と、気象データなどの環境情報を使い、PC上で分布確率計算が可能になっている。

ku.edu/desktopgarp/）やMAXENT（http://www.cs.princeton.edu/~schapire/maxent/）といったパソコンで利用可能なプログラムが、すでにインターネット上で公開されているため、誰でもGBIFポータルによって提供されるデータを利用した解析が可能だ（**図3・9**）。このような技術を用いることで、環境変化よる生物種の分布変化の予測なども可能になり、例えば、温暖化が進み、平均気温が何度上がると、どのような分布になるかという予測ができる。

生物多様性情報の利用は次第に広がりつつあるが、現時点でGBIFに蓄積されている一億件という分布情報だけでは、本格的な活用には耐えられない。Ecological Niche Modelingに関しても、その基礎となる情報が十分でなければ正確な予測は望めないため、いかに情報収集効率を上げるかが急務となっている。さらに、実際の解析には数値化された地理情報が不可欠だが、幸い、地名から緯度、経度に変換する技術も開発されたので、将来、すべての分布情報に数値地理情報を持たせることが可能になろう。

集積量に関するもうひとつの問題は、情報収集方法だ。五年後に十億件を超える情報を集めるには、今以上に情報の集積速度を上げる必要がある。日本でも五年前には、ＧＢＩＦナショナルノード（運営管理組織）が十分機能していなかったうえ、生物多様性情報を保有している博物館や大学などの研究機関でも情報電子化の価値が認められず、予算や人員不足のため情報がなかなか集められない状況にあった。今日では、各方面の努力の結果、ＧＢＩＦナショナルノードが活動を始め、博物館や大学などのネットワークもつくられている。とはいえ、データベースを作成することに対しての評価が研究者社会で低いため、積極的に情報提供が行われているというわけではない。このような問題は日本だけでなく、他の国にも共通しているが、国際的に生物多様性情報の集積を進めるための基盤づくりは不可欠である。地球温暖化への対応として、国際的な枠組みでモニタリングが推進されつつあるが、ここで得られた生物分布に関する情報が共有財産として国際的に公開され、ＧＢＩＦに提供されるようになれば、十億件というＧＢＩＦの第二期の目標も達成可能と思われる。

全国初の「ちば県戦略」づくり
――科学者と市民・行政との連携・協働――

堂本暁子

『温暖化に追われる生き物たち――生物多様性からの視点』（築地書館刊）を出版してから十年になるが、久々に読み返してみて感じたことは、この本がまったく色あせず、古くもなっていないということである。むしろ、ＩＰＣＣが第四次報告書で、「地球の温暖化が生物多様性および生態系、さらに人類の生活に影響を及ぼす」と明言したことによって、当時、執筆した二十人の科学者の先見性が裏打ちされ、すでに十年前に、彼らが環境科学の分野に新たな地平を拓く役割を果たしていたことを改めて示したのではないか、と考える。

私はその連続線上で、科学者が提示した課題を真摯に受け止め、県知事として、地球温暖化と生物多様性を統一的にとらえる視点に立って、千葉県の環境政策づくりを推進する立場にある。これまで、国、都道府県レベルの行政は、こうした「温暖化と生物多様性」の視点からはアプローチされてこなかった。

その理由は、「気候変動と生物多様性の二本立て構造」が国際的にも、国内的にも定着しているうえ、科学的にも、行政手法上も不確定要素が多く、ある意味で「認知」された視点とは言えないからだ。

しかし、その「不確定性」を問題にしている段階ではない。千葉県でも、従来の汚染や公害、開発などによる地域個別の環境問題と複合した形で、地球温暖化の影響は現実のものになりつつあり、一見、緑の多い森林でも、きれいな河川や海岸でも、生物多様性の劣化が進んでいる。農業、林業、漁業などの産業は言うに及ばず、日常生活への影響も考えられるため、予防的な観点からも、温暖化と生物多様性を統一的にとらえる視点に基づく環境政策を推進することを躊躇してはならないと考えた。こうした包括的な視点に立つことによって、顕在化している地域の実態を把握し、しかるべき対策を講じられるに違いないし、それが不可欠であるという確信に立脚しての政治的決断である。

総合行政としての環境政策を展開する際の目標の一つ目は、科学的事象に対応する環境政策を、いかにして創造的に立案するかということであり、二つ目は住民との連携・協働によって、地域に根ざした具体的な活動が全県下で展開されること、三つ目は、県民の環境的良心に裏打ちされた倫理観とライフスタイルの実現である。

こうした目標を掲げたうえ、地域と私たちが住む地球を守るために、科学者と県民と行政の三者が相互に連携し、具体策を講じる際に、相乗効果を発揮するシステムづくりに千葉県は取り組んでいるものの、この試みはまだ、緒についたばかりである。

「気候変動枠組み」と「生物多様性」条約の二本立てへの疑問

一九九二年にブラジルのリオ・デ・ジャネイロで開かれた「地球サミット」で、「気候変動枠組み条約」と「生物多様性条約」が採択されて以来、この二本の条約に基づき国際的にも国内的にも、完全に二つの流れができてしまった。当時、参議院議員として、地球環境国際議員連盟（GLOBE）に参加し、生物多様性ワーキングチームの座長だった私は、「生物多様性条約」を立案するプロセスにかかわる中で、素朴な疑問を抱いていた。生物と大気や水は常に循環し、一体的に機能しているにもかかわらず、しかも、地球の温暖化が生物多様性の微妙なバランスを崩しかねない状況にありながら、なぜ、「気候変動」と「生物多様性」の相関関係に照準を合わせた議論が展開されないのだろうかと。科学的には分野の相違や研究レベルの差、不確実な事例には言及しないという科学者の良心ゆえ困難なのかもしれないが、人類が危機的状況に直面しているのであれば、国際政治、経済・社会的観点から議論すべきではないのかと考えていた。

日本がこの二本の条約を批准した際も、私は外務委員会と環境委員会で、審議に加わる機会を得たが、当然のことのように両条約は別個に扱われ、「気候変動」と「生物多様性」の相関関係に関する質疑はまったく行われなかった。地球温暖化対策については、二〇〇五年に京都議定書が発効し、法律に基づく地域ごとの計画も実施され、今では国民の問題意識も高まってきた。これに比べ、生物多様性の保全・再生については、国レベルで「生物多様性国家戦略」が策定されたものの、都道府県や市町村などに体系的な計画を作成することは義務づけられず、政策的な手は打たれていない。このため、自分が住む地域での生物多様性の劣化に、住民は危機感を抱くどころか、関心も薄く、「生物多様性」という言葉すら知らない人が大多数を占めるという状況にある。

この「気候変動と生物多様性政策の二本立て構造」について、『温暖化に追われる生き物たち』の中で、岩槻邦男氏は次のように述べている。「地球温暖化と生物多様性の問題はお互いに深い関係にあるにもかかわらず、相互に関連させた議論をしてこなかった。その原因は、二十世紀の科学は物理化学的な手法を基本に進歩をしてきており、生命科学の分野でも物理化学的な解析手法で研究が進んできたからである。しかし、生物の世界は物理化学のように数字で根拠を証明できるわけではない。とはいうものの、訓練された目をもった生物学者が感覚的に危ないと思える事象は、やはり危ないのであって、それが量的、科学的に証明されていなくても研究者が発言し、可能な限り事例を集めてみる必要がある。そうすることによって、そこからあぶり出されるものをもとに、全体を俯瞰し、未来を予見してみることができよう。さらに、政策決定者に研究者が手にしている事例を示さない限り対策はとられないのであって、環境問題、特に生物多様性の保全は常に後追いのかたちになってしまう」。

このような鋭い指摘を聞き、私はまさに、政策決定の場に身を置く者として、科学と政治の間には距離があり、政治的対応が必要な時に、政治家が科学的情報を入手するシステムも、有機的な連携もとられていない状況にあることに気づき、危機感を抱いた。特に、科学者には地球温暖化の生物多様性への影響についての事例を提示してほしい、また、解決のための提言を求めたい、そして、政治家にはそれを受けて、施策を立案する責務があるという問題意識から、『温暖化に追われる生き物たち』は編集された。

十年で事態は変わった。「オーストラリア全土で最悪規模の干ばつ」「イギリス南部に大洪水」「ホッキョクグマの生息環境が失われている」「温暖化地獄の時代到来」——。二〇〇八年の年頭、マスメディアはこれらの見出しで、地球温暖化が生態系、人間生活、社会経済にどのような影響を与えているかというテーマを、こぞって取り上げた。

こうしたマスメディアのセンセーショナルな集中豪雨的報道が必ずしもすべて科学的根拠に基づいているわけではないかもしれない。しかし、この十年間で、地球温暖化の影響が急速に顕在化してきたということだ。国際的にも、二〇〇五年に国連が公表した「ミレニアム生態系評価（Millennium Ecosystem Assessment）〜地球規模の生態系に関する総合的評価〜」において、二十四項目のうち、十五項目で、生物多様性が失われていることが示された。さらに、翌〇六年、生物多様性条約第八回締約国会議でも、生物多様性の悪化傾向が公表される。〇七年には、ＩＰＣＣ第四次報告書の中で、地球温暖化による生物多様性への影響が明確に示されたように、この十年間、国際的な報告の中で、生物多様性の状況が、実証的に明らかにされてきた。

十年前の本の唯一の外国からの執筆者だったボストン大学のリチャード・Ｂ・プリマック（Richard B. Primack）教授は、「温暖化が生物多様性に与える脅威への対処には、従来、見られなかったような国家間の協力が必要不可欠」と述べたが、実際には国際的なプロセスは遅れていて、推進するにも困難が伴う。それならば、発想を逆転して、地方から始めたらどうか。トップダウンから、ボトムアップへの逆転である。そもそも、生物多様性の保全はローカルの活動なしに成果を上げることはできない。市民、生物学者、環境NGOなどが身近な環境で何が起こっているかを監視し、責任のある行動をとることこそ、温暖化対策の第一歩になる。この発想で、「生物多様性ちば県戦略」策定のスタートラインに立った。

「千葉方式」による「県戦略」策定

二〇〇一年四月に私は、千葉県知事に就任した。

千葉県は、東に太平洋、西に東京湾、北に利根川、北西に江戸川が流れ、北と南の動植物が共生する生物多様性豊かな半島。年平均気温も一四～一五℃と大変温暖な気候に恵まれている。これは、房総半島の沖合が、暖流の黒潮と寒流の親潮が出会う場所であることによる。親潮の影響によって、房総半島沿岸には世界最北限の造礁サンゴが見られ、一方、親潮の影響によって、九十九里の河川にはサケの遡上も見られる。陸域でも、ビワに代表される常緑広葉樹とナシに代表される落葉広葉樹の両方が県の特産であり、まさに南と北の動植物が出会う地域であると言える。

この豊かな房総半島に、およそ四万年前の旧石器時代から人が住みつき、自然と共生、活用し、農業、漁業を営みながら里山・里海の文化を創り上げてきた。

戦前まで、それが、人と自然が織りなす房総半島の景色であり、歴史だった。それが一変するのは戦後である。森林、里山は宅地や工業用地に変わり、海の生物多様性が豊かだった東京湾の干潟と浅海が埋め立てられた。住民の埋め立て反対運動で辛うじて残っていたのが三番瀬で、この干潟を残すか、否かで、大きな政治問題になったが、私は、海の生物多様性の観点から、保全と再生計画の策定に踏み切り、二〇〇七年になって、ようやくこの計画が仕上がった。

知事就任後、里山や水源の近くにおける産業廃棄物最終処理場の建設許可をめぐる諸問題に直面したため、生物多様性への取り組みがいささか遅きに失した感もあるが、二〇〇六年以降は「千葉県環境基本計画」「千葉県環境学習基本方針」「ちば環境再生計画」の見直しの時期にあたり、さらに、「千葉県国土利用計画」の改定も行われた。これら一連の計画と、「生物多様性ちば県戦略」を整合させながら、総合的に環境政策を制度化するタイミングが来たと言える。

二〇〇〇年にいわゆる「地方分権一括法」が施行され、制度上、国と地方は対等な関係になったが、日本では長く続いた中央集権の仕組みのもとで、受け身で、依存的な体質が染みついたのか、地域や住民が本来持つ独自の個性や解決力が十分発揮できないという状況は依然、続いているように見えた。こうした問題意識から、私は〇一年に知事に就任する際、「徹底した情報公開と住民参加」を公約に掲げた。そして、県内各地でのタウンミーティングに足を運び、多くの提言を伺い、各分野の政策立案にあたり、県民に参画してもらった。

いわゆる「千葉方式」と呼ばれる政策手法は、こうした経緯で次第に形づくられ、定着していく。これは、県民自身が各種の政策立案の白紙の段階から主体的に参画し、さらに、県民自らがそれを実践するという県民主役の県政運営である。行政側は、市民が真に必要とするものを、自ら実現する動きを支え、あくまで、法令面など専門的な見地から、それらを促進させる役割に徹している。官主導でなく、同じ問題意識を持つ人たちが自ら実行委員会を立ち上げ、手づくりのタウンミーティングを重ねて、行政との対話を通じて政策を練り上げる。それを県民はプレーヤーとして実行し、時には、評価まで担う。

県内ではこれまで、NPOの推進指針や福祉分野の各種の計画はじめ、中小企業振興や教育に至るまで、各分野でこの「千葉方式」による政策づくりが行われてきた。

この「千葉方式」には、一人ひとりの県民と地域の多様な個性や価値観を尊重するという理念が根底にある。二十一世紀のキーワードは「多様性」であり、こうした多様性こそが、新たな地域社会を形成する原動力だと考えている。

私は、多様な立場の意見や、異なった分野からのアプローチをまとめ、県民の視点で政策化することを、「ダイバーシティ・ガバナンス（多様性を生かす行政）」と呼び、県の基本的な政策スタンスとしている。多様な価値を互いに尊重し、互いの信頼に根ざした連携や協働を重ねることで、豊かな社会が創造できると信じているからだ。

タウンミーティング・県民会議・専門家会議

「生物多様性ちば県戦略」も、この「千葉方式」によって策定作業が進められ、「タウンミーティング」や「県民会議」の実行委員会のメンバーを広く公募し、地域ごとに立ち上げていった。

二〇〇六年十月二十二日から十二月二十三日までの間に、県内十八カ所で、二十回のタウンミーティングが開かれたが、どのミーティングにも、カエル、魚、植物、野生動物を観察してきた人たちや、湖沼の水質浄化の運動、里山保全の活動などを長く続けている人たち、農民、漁民、教師、子育て中の父母、定年後のシルバー世代のＮＰＯやグループなど、自然や環境問題に多種多様な関心を持つ住民が集まった。とはいえ、従来の自然保護運動の集会やナチュラリストの活動、あるいは趣味としての自然観察の集まりにとどまるのでは意味がない。

ところが、私の予想をはるかに超えてタウンミーティングにおける市民の発言はレベルの高いものであった。もちろん、日ごろ抱いている、公共事業への批判、行政の環境施策への苦情、制度への不満が堰を切ったようにふき出しもしたが、一方で地に足の着いた前向きの提案や意見も多く、議論を重ねることによって、その地域の課題が明確になり、市民の連携と活動、行政との協働などいわゆる「千葉方式」が生物多様性の分野でも展開され、「うねり」ができることが期待された。

行政は、従来の陳情する側と陳情される側の関係から、地域住民と行政が議論を深める関係に転換しなければならない。タウンミーティングで示された課題を受け止め、その本質を見極め、対応策を考え、それを制度化する作業が求められている。今回の「県戦略」づくりにあたって県庁職員に課せられた最も重要な仕事である。

十月二十二日に千葉市で開かれた最初のタウンミーティングでは、当初から「土地の所有形態」など、環境問題の根幹とも言える議論でスタートし、主として、土地利用の観点からの議論が交わされ、「放置田に樹木が生えている部分なども『利用すること』で、生物多様性を確保できる」「土地所有者と都市住民が共同して復旧する土台をつくる必要がある」といった意見が出された。さらに、「行政、民間企業が資金を提供する官民共同のプロジェクトへの総合的支援」を求める提案や、「施策の縦割りを排し、農業・林業政策と環境政策の関連性を明確にし、作業の担い手が働けるようにする仕組みづくりへの支援」など、行政の積極的支援を求める意見が少なくなかった。例えば、地域住民は生物多様性の保全のために、何か協力したくても、活動のグランドデザインが描けない、仕組みづくりに専門家、行政の支援が必要という声もあり、環境分野における官民協働のあり方も、今後の課題として提起された。

十月二十七日のタウンミーティング（船橋市）では、「特別な人ではなく、一般の人に、生物多様性の重要性、生物多様性が私たちの命のつながりにどのようにかかわるのか、伝えることが大切」という問題提起がされ、「行政主導の取り組みも重要だが、県民がどう動くべきか、知恵を出し合う場を設けることも重要」「農業者など利害がぶつかる人の参加も求め、その気持ちを取り入れるべき」といった意見が出されている。印旛沼浄化の取り組みについては、多くの市民団体、専門家、企業、行政の協働が着実に進んでいるとのことで、二十二日のタウンミーティングの論調とは異なり、地域差が見られた。

十一月九日には、印旛沼の水質を改善するためにはどうしたらよいかを議論するため、成田市で「手賀沼からの導水を考える」タウンミーティングが開かれ、四十年前から使われ始めた除草剤の影響や周辺漁場に与える影響などについて、意見交換。田んぼからの農薬や肥料、不法投棄される産業廃棄物、住宅団地や工場の進出とあいまって、印旛沼に流れ込む水質は悪化しているが、本来、住民が求めているのは沼を自然の状態に戻すことだ。

この日のレポートの一部。「春に水面が低下し浅瀬や干潟が現れれば多様な植生が復活し、それを糧として小魚やマシジミが激増し、汚泥を吸収して水質浄化が進む。秋になって不活性になったマシジミは、冬にシベリアから飛来した水鳥（キンクロハジロ）がほぼ食べ尽くして沼外へ排出する。砂礫はイトミミズが砕いてしまうという。要は数千年単位で継続した水質を浄化する自然の力をうまく使えるか。自然界で活発に活動している生き物。生物多様性とは、それら元気の良い生き物に地域を維持管理する機能が天から与えられていて、それが生存価値の大きな部分。なにも意味なく生きているものはいない」。このレポートを読み、現場では生物多様性の視点で、印旛沼の浄化に取り組んでいることを知った。岩槻氏はこうした地域の活動家を非職業自然科学者（non-professional naturalist）と呼ぶ。科学を職業にしていなくても、アマチュアと呼ぶには失礼なほど観察や記録の専門的な収集を続けている地域の科学者が大勢いて、その人たちがリーダーシップをとって、専門性の高い提言が示されたわけだ。

十一月二十五日の市川市におけるタウンミーティングでは、里山環境の保全について、「水田保全のための農家への協力や仕組みづくりが必要」との意見が提起されたが、住民のこのような積極的な提案こそが地域の具体的な環境保全活動につながるものであり、政策提言以上に「環境自治」への一歩が踏み出された観があった。さらに「生物多様性を確保するために生物情報の集約と評価・活用をする組織として、『生物多様性センター』が必要」という意見は県戦略の本質に迫るものであり、参加した市民の環境意識の高さを示していた。

こうした都市や農村、水辺環境など、様々な地域の課題が、十二月二十三日に開かれた「環境づくりタウンミーティング総括大会」で報告された。その主な課題としては、①生物多様性の重要性の普及・啓発の必要性、②谷津田や耕作放棄地、生業としての農業の成立など、農林漁業との関係、③森林保全について源流部と下流部との協力、④サル、シカなどの有害鳥獣の駆除対策、⑤田・畑・森の一体的な取り組み、⑥土地利用における地主以外の協力、などであった。

ただ、この時は、政策を提言するという域には達せず、生物多様性の視点からの県民議論の第一段階にとどまる。

次いで、舞台は専門家による専門委員会と県民会議に移る。県民会議は、「総括大会で浮き彫りになった課題を政策化していこう」「地域ごとにさらに検討したい」「県民が主体となって活動できる組織を立ち上げることが重要ではないか」という声に基づいて組織された。ここでは様々な分野の、多種多様な立場からの、まさに多様性に満ちたテーマが示され、議論が展開された。

例えば、「里山里海と生物多様性」「種と生物多様性」「有機農業と生物多様性」「まちづくりと生物多様性」「土木技術者の生物多様性」「埋立地と生物多様性」、「ものづくりの夢と生物多様性」「合成洗剤類を1／10に減らす会」「ビオトープと生物多様性」「歴史・文化と生物多様性」「教育と生物多様性」など、テーマを掲げた人が次から次へと、仲間を募って「県民会議」を開いていく。次々とグループが立ち上がり、「生物多様性の火」が県内に燃え広がるかのようだった。

第一ステージのタウンミーティングが地域別だったのに対して、第二ステージの県民会議はテーマ別に議論が深められ、政策提言につながる内容であった。

県民会議には、私も可能な限り参加し、一日に二カ所、三カ所をはしごしたこともあり、そこでは、時には意見交換に加わり、つぶさに県民の様々な活動の状況や、一人ひとりの熱い思いを直接耳にすることができた。

こうした県民会議と、そのもとに立ち上がった数々のグループ会議での議論は、各戦略グループ会議の報告書とともに、「生命（いのち）のにぎわいとつながりを未来へ」と題する提言書に結実した。

一方、専門委員会には、動物や植物、自然公園などを専門とする大学の教授など八名の専門家に委嘱し、二〇〇七年七月まで約一年間、八回にわたって委員会を開催し、提言の検討を行った。ただ、専門委員会は「県民会議」と別々に検討を行ったものではなく、専門委員会をタウンミーティングの実行委員の人たちが傍聴し、発言するなど、積極的な関与が行われてきた。また、途中からではあるが、オブザーバーとして県民会議の役員である市民三人が専門委員会に参画し、タウンミーティングや県民会議の意見の反映を行うなどの役割も果たしてきた。

また、タウンミーティングや県民会議においても、専門委員会委員が参画するなど、両者は十分な意思疎通を図りながら、それぞれの立場から県戦略への提言を検討した。

そして、実に、延べ千人以上の県民の参加を得て、専門委員会からの提言と県民会議からの提言がともに、二〇〇七年十月、知事に提出された。

温暖化と一体でとらえる視点

県側は、県民会議と専門委員会の提言内容を生かし、それらを融合する形で「県戦略」の原案づくりに取り組み、専門委員会からの科学的・専門的見地からの意見と、県民の地域に密着した意見を大切な果実として、まとめあげた。

「県戦略」の特徴は、何と言っても、「地球温暖化と生物多様性」を一体的なものとしてとらえる視点から政策形成されている点である。千葉県は、三方を海に囲まれ、漁業県として、温暖化によって海中の魚類などの生物がどのように変化し、利活用に影響を受けるか十分に観察し、対策を練らねばならない。同様に、農業あるいは生活面などへの影響についても、喫緊の課題ととらえた。第二の特徴は、「多様な人々の生活となりわい」の視点。特に重視したのは、科学的・技術的手法に偏ることなく、都会に住む人、農業や漁業に携わる人、子ども、女性、高齢者、障害のある人など、様々な生活者の視点を踏まえるということである。生物多様性は、生活や文化の基盤であり、あらゆる人々がかかわりを持っている。そうした人々の多様な価値観と関連づけることを明記した。

第三の特徴は、すべての政策に生物多様性の視点を取り入れること。これは総合行政である地方自治体ならではのものだが、従来のように環境担当者だけによる施策の展開でなく、農林水産や県土整備、健康福祉や教育などあらゆる領域と環境保全の問題意識を共有し、政策を立案・実施することである。これまでは自然環境の保護と言えば、県立自然公園や自然環境保全地域などの指定、レッドデータブックの作成などが中心だったが、こうした、限定された自然保護の考え方に基づいた政策では、事態を好転させることはできない。

さらに、具体的取り組みとして、①地球温暖化への挑戦、②生態系を守り修復する施策、③生物多様性研究・情報センターを中心とした推進体制の整備、④生物資源の持続可能な利用、などの施策を、保全・再生、持続可能な利用、研究・教育、基盤整備の四つの柱で体系的に位置づけている。この戦略の理念は、県民会議で検討された「人の健康問題や生物多様性の恵みを子どもへ引き継ぐ必要性」などを受けたものであり、視点や取り組みについても、タウンミーティングをはじめ、県民会議、専門委員会からの提言を十分生かしたものとした。つまり、この「生物多様性ちば県戦略」は、県と県民、専門家の協働作業によりつくられたものであり、今後の推進についても、県民との協働のもとで行っていきたいと考えている。

生物多様性は、自然の保護や生物の数だけを問題にする静的な概念ではない。むしろ、生物が相互に依存し合い、水や栄養、エネルギーの流れといった循環の機能を果たす生物の動的な概念であり、人間の生活や文化、開発、貿易、知的財産権など社会的要因をも視座に据えている。従って、地球規模で環境破壊が進んでいる現状に対応するには、国際的取り組みと同時に、村落などの小規模な地域においても、生物多様性の視点からの徹底したアプローチが不可欠である。千葉県の「生物多様性ちば県戦略」は、そうした観点から、条約や国家戦略の理念に基づいていることはもちろんだが、あくまでも県民の発意を尊重してつくられた。それは「環境自治」の実践にほかならない。

四十六億年の歴史の中で、地球は今、激変期を迎えており、「温暖化と生物多様性」の視点を超えて、もはや、「地球と人類」といった観点に立たなければならない段階に来たのかもしれない。地球規模で進展する様々な環境破壊、生物多様性の劣化などの事象を把握するだけでなく、こうした事態を招いた人類のあり方が問われている。私たちは「生物多様性の視点からの人間の生き方とは?」と、真剣に、自らに問い直す時期に来ているのではないだろうか。

国家戦略と地域活動の連携による実効性の確保

亀澤玲治

熱帯林の減少や種の絶滅のおそれなどに対する危機感が、一九八〇年ごろから国際的に高まり、生物多様性の保全に関する国際条約の必要性が認識された。一九九二年に生物多様性条約が採択され、日本は翌九三年に締結、条約は同年の十二月末に発効。日本はこの条約に基づき、九五年に最初の生物多様性国家戦略、二〇〇二年三月に第二次となる新・生物多様性国家戦略を策定した。

「三つの危機」を指摘した二次戦略

最初の国家戦略は、条約の発効から二年以内という早期に策定し、生物多様性という新たなキーワードのもとに、関係各省が初めて協力して作業したという評価がある一方、各省施策の羅列に過ぎず、連携の観点が弱いこと、目標達成に向けた道筋が不明確なこと、策定過程で専門家や自然保護団体などの意見を十分に聴いていないことなど、改善すべき点もいくつかあった。

二〇〇二年の新・国家戦略は、「自然と共生する社会」を政府一体となって実現するためのトータルプランとして、日本の生物多様性の現状を、三つの危機（開発など人間活動による危機、里地里山などにおける人間の働きかけの縮小に伴う危機、外来種などを人間が外部から持ち込むことによる危機）として整理、生物多様性の保全と持続可能な利用のための理念や、重点的に取り組むべき主要テーマを掲げるなど、全体を体系的に記述した。また、残された自然の保全に加えて自然再生を提案したこと、自然再生や里地里山の保全など各省連携を強化したこと、策定過程で広く意見を聴くなどの点で大幅に前進したものの、施策の具体的な目標や指標が明らかでないうえ、国民へのアピール度に欠け、さらに、長期的な展望や地球規模の視点が弱い、国の取り組みが中心で地方・民間の位置づけが弱い、といった課題も残された。

国家戦略は五年後程度を目途に見直すことにしているが、生物多様性を取り巻く国内外の状況の大きな変化に対応する必要もあって、見直し作業を進め、二〇〇七年十一月に第三次国家戦略を閣議決定した。

新・国家戦略の策定後、自然再生推進法が制定され、釧路湿原やくぬぎ山をはじめ、全国各地で同法に基づく協議会が発足するなど、各地域に固有の生態系を取り戻そうという動きが具体化してきた。里地里山の保全については、文化財保護法の改正により、棚田や里山など農林水産業に関連する文化的景観も文化財として位置づけられ、近江八幡などが指定された。また、環境省が各省と連携して地域における体制づくりを支援するモデル事業のほか、農林水産省、国土交通省などによる取り組みも始まり、外来種対策では、外来生物法や遺伝子組換え生物の規制に関するカルタヘナ法が新たに制定され、アライグマなど外来種の防除が各地で進んでいる。

新・国家戦略に沿ったこうした国の取り組みは毎年点検され、その結果が中央環境審議会に報告される。同審議会は施策の進展について一定の評価をしたものの、生物多様性に関する普及広報や教育のより一層の充実、各地域における活動の推進を求める意見を出した。

「二〇一〇年目標」とCOP10名古屋開催

新・国家戦略策定後の五年間、農地・林地から都市的土地利用への転換面積は、策定前五年間の減少傾向が横ばいとなっただけで、開発圧力は減退していない。また、里地里山では、農家人口の割合がさらに減少、耕作放棄地が増加する一方で、シカやイノシシによる農業被害など人と鳥獣との軋轢が深刻化し、アライグマ、ジャワマングース、オオクチバスなど外来生物による生態系の攪乱も各地で見られる。このように、施策面での進展にもかかわらず、前述の「三つの危機」は食い止められていない。その中で、二〇〇五年の日本の推計人口は前年より約二万人減り、人口減少時代に転じた。

国際的にも、生物多様性を取り巻く状況は厳しさを増している。生物多様性条約第六回締約国会議（COP6、二〇〇二・オランダ）では、「二〇一〇年までに生物多様性の損失速度を顕著に減少させる」という、いわゆる「二〇一〇年目標」が採択された。しかし、その四年後のCOP8（二〇〇六・ブラジル）で条約事務局が公表した「地球規模生物多様性概況第二版（Global Biodiversity Outlook 2: GBO2）」によれば、十五のうち十二の指標が悪化し、二〇一〇年目標の達成は難しい状況にあるという。また、二〇〇五年に国連が公表した「ミレニアム生態系評価（Millennium Ecosystem Assessment:MA）」はこのGBO2の基礎となったもので、地球規模の生態系を初めて総合的に評価したものだが、二十四項目の生態系サービス（生態系がもたらす便益）のうち、向上したのは四項目だけで、十五項目で低下するなど、地球規模で生物多様性が失われていることを強調している。

一方、地球温暖化に関しては、京都議定書が発効（二〇〇五）、国内外で取り組みが進展し、科学的知見の集積が進んだ。IPCC第四次評価報告書（二〇〇七）では、温暖化による生物多様性への影響がすでに現れ、今後、さらに影響が大きくなるという予測が示された。

こうした中、二〇〇七年三月にドイツ・ポツダムで開かれたG8環境大臣会合で、G8史上初めて、生物多様性が主要議題のひとつとして取り上げられ、ドイツを中心にまとめられたポツダム・イニシアティブには、生物多様性と気候変動の政策間の連携を深めるべきだという文言が盛り込まれた。また、ハイリゲンダムでのG8サミットの首脳宣言に、「生物多様性の決定的な重要性と二〇一〇年目標達成のための努力の強化」が入るなど、国際的関心はこれまでになく高まりを見せている。

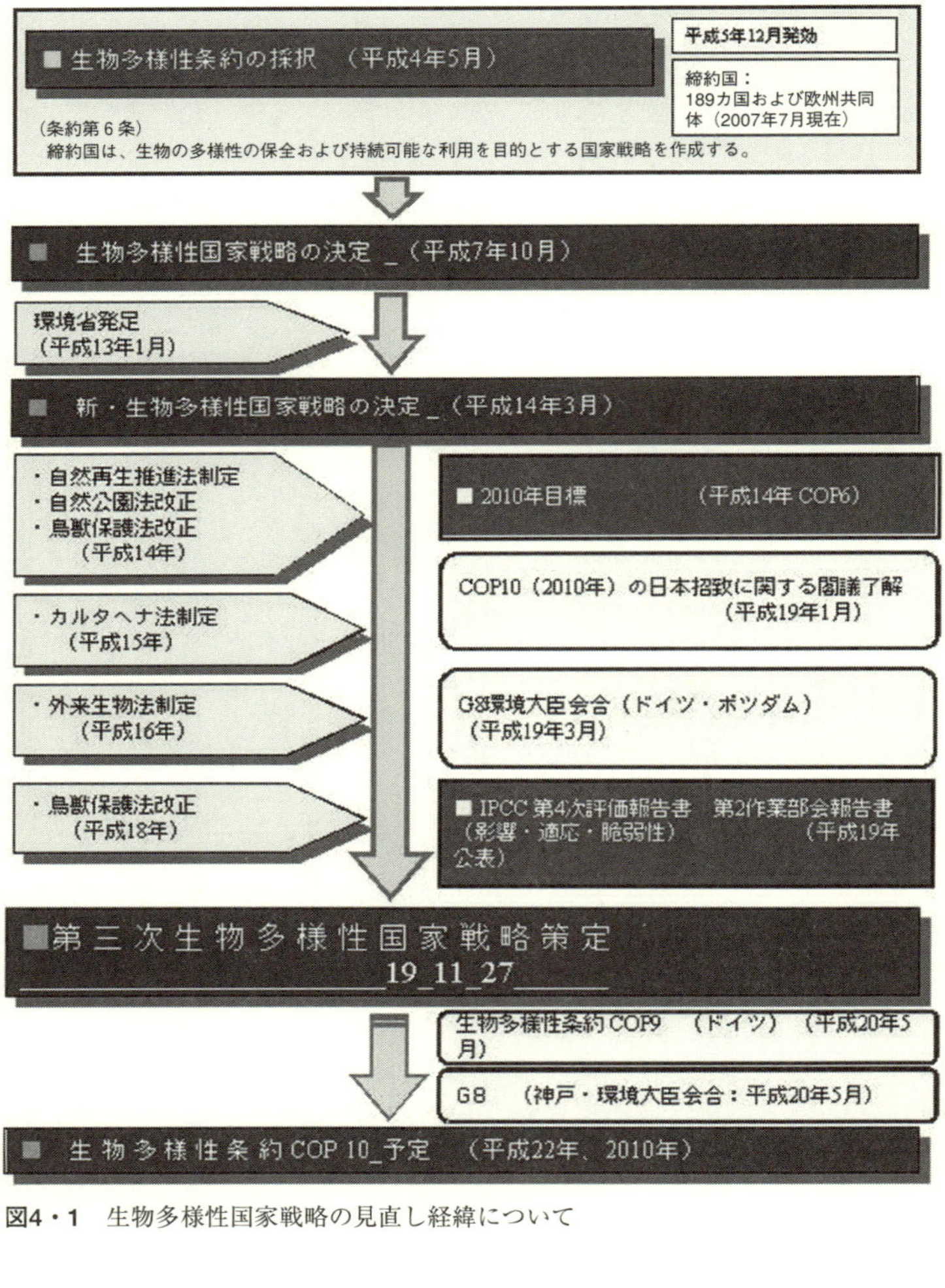

図4・1　生物多様性国家戦略の見直し経緯について

日本は、二〇一〇年のCOP10を愛知県名古屋市で開催すべく立候補しているが、この年は「二〇一〇年目標」の目標年であると同時に、その次の目標を決める重要な年になる。また、国連が定めた国際生物多様性年でもあり、生物多様性にとって大きな節目の年になるわけで、COP10の日本開催は、最大の拠出国としての貢献をアピールし、生物多様性に関する国民的な関心を飛躍的に高める好機と言えるだろう。

第三次国家戦略の策定に向けて、二〇〇六年八月から〇七年三月まで、環境省は国家戦略見直しに関する懇談会を開き、見直しに関する論点整理を経て、意見募集と全国八カ所での地方説明会を開催。同年四月、環境大臣は中央環境審議会に、国家戦略の見直しに関して諮問、同審議会は自然環境・野生生物合同部会で審議を開始した。合同部会の下に設置された生物多様性国家戦略小委員会は、関係各省やNGOに加え、地方公共団体、企業、学会などからのヒアリングを含む六回の審議を経て、九月に第三次国家戦略案をまとめた。その案に対するパブリックコメントは、個人および団体から約二百。箇所別の延べ意見数は約千百件に達した。それらも踏まえ、案に約二百七十カ所の変更を加えたうえで、十一月十四日の合同部会で審議会答申がまとめられ、この答申を受けて、同二十七日に政府は第三次国家戦略を閣議で決定した。

百年後の国土像示した三次戦略

第三次国家戦略の第一部は、生物多様性の保全と持続可能な利用に向けた戦略とし、第一章で生物多様性の重要性と理念、第二章で現状と課題を示し、第三章で目標、第四章で基本方針を掲げた。第二部の行動計画部分は、具体的施策について、実施主体を明記、体系的に網羅して記述するとともに、可能なものについては数値目標も盛り込んだ。

第一部第一章では、生物多様性とは何か、なぜ重要か、という点がまだ一般に理解されていないという判断から、①植物の数十億年にわたる光合成で生み出された酸素を、動物や植物自身が呼吸していることなど、すべての生命が存立する基盤を整えること、②特に、自然に依存する面が大きい水産物をはじめとする食べ物、自然界の豊かな遺伝情報を利用する医薬品や農作物の品種改良など、人間にとって有用な価値を持つこと、③魚やきのこなど地域固有の食材を利用する食文化など、豊かな文化の根源になること、④サンゴ礁やマングローブなど自然の海岸線が津波被害を軽減しうるなど、将来にわたる暮らしの安全性を保証すること――の四点を、いのちと暮らしを支える生物多様性の重要性を示す理念として掲げた。

新たに、地球温暖化と生物多様性に関する問題を取り上げたほか、多くの自然資源の輸入や国境を越えて移動する動物など、日本と世界の生物多様性の密接なつながり、条約の二〇一〇年目標とその達成に向けた貢献の必要性など、全体的に地球規模の視点を強化。

国のほか、地方や民間など多様な主体が長期的な視点に立って取り組みを進められるよう、生物多様性から見た国土のグランドデザインを、百年先を見通した共通のビジョンとして提示。国土全体では、生態系ネットワークの形成や種の絶滅リスクの低下を実現し、農林水産業、企業活動、市民のライフスタイルに持続可能性が組み込まれることで、海外の自然資源への依存度を低下させるという将来像を示した。同時に、国土を奥山自然地域、里地里山・田園地域、都市地域、河川・湿原地域、沿岸域、海洋域、島嶼地域の七つに分け、それぞれの百年後の目標イメージを提示。国が国家戦略で示す考え方や方向性を、地域での活動につなげることが重要であるため、地方公共団体や企業、NGOなどによる取り組みの重要性を強調するとともに、それぞれに期待することを具体的に盛り込んだ。

第二章では、「地球温暖化の危機」は、種の絶滅や脆弱な生態系の崩壊など、生物多様性にとって回避できない深刻な影響を与えるとともに、その広がりがグローバルなことを考慮すれば、むしろ「三つの危機」を超える事象と位置づけた。また、新たに、「地球温暖化と生物多様性」の項を設け、サンゴ礁の白化、ソメイヨシノの開花の早まりなど、温暖化がもたらすと考えられる現象、農業・漁業における問題や感染症のリスクの増大など、生物多様性の変化を通じた人間生活への影響に関する具体例を示した。

生物多様性の観点から見た地球温暖化の緩和と影響への適応策として、多くの炭素を固定している森林や、泥炭・土壌に炭素を貯蔵している湿原・草原を保全すること、さらに、人工林の間伐や里山林の管理などから発生する木や草をバイオエタノール化による燃料や草資源を利用した発電などに活用することが、温室効果ガスの排出を抑制するという点で温暖化の緩和に役立つと例示。このほか、多様な種や生態系が時間をかけて温暖化に適応、変化することに幅広く対応するため、まとまった規模の、生物多様性豊かな地域の配置と、つながりが確保された生態系ネットワークの形成が必要になるという認識も示した。

「地方版」戦略策定への期待

第三章では、豊かな生物多様性を将来に引き継ぎ、その恵みを持続的に享受できる「自然共生社会」を構築するため、①地域特性に応じた種や生態系の保全と、生態系ネットワークの形成を通じた国土レベルの生物多様性の維持・回復、中でも、種の絶滅のおそれの回避と回復を図ること、②世代を超えて国土や自然資源の持続可能な利用を行うこと、③生物多様性の保全と持続可能な利用を社会経済活動の中に組み込むこと――の三点を目標に掲げている。このうち、③は第三次国家戦略で新たに打ち出したものだ。

生物多様性の保全と持続可能な利用は、国民の暮らしと密接にかかわり、国が国家戦略を策定、それに沿った施策を実施するだけで実現できるものではない。第三次国家戦略では、地方や民間の参画の必要性を強調、それぞれに期待する役割を以下のように明記。

地方公共団体は、地域の自然的・社会的条件に応じた施策の計画的な推進のほか、特に、地域の子どもたちにいのちの大切さを伝え、地域の生きものとふれ合う教育を進めることが期待される。企業などの事業者には、生物多様性の保全や持続可能性に配慮した原材料の確保や商品の調達・製造、また、保有している土地や事業所敷地内における豊かな生物多様性の保全、さらに、それらの企業への投資、融資という取り組みのほか、NGOへの支援、国内外における森林・里山などでの社会貢献活動が考えられる。NGOなど市民団体は、地域に固有の生物多様性を保全する活動の実践や、広く個人の参加を受け入れるためのプログラムの提供のほか、専門的な知識や経験を生かして、企業の取り組みを支援したり、博物館など教育機関と連携することも期待される。そして、一人ひとりの国民は、毎日の暮らしと生物多様性との密接なかかわりをまず知ることが大切であり、自然とふれ合うことはもちろん、身近で行われる保全活動や市民参加で行われる調査への参加も期待される。また、消費者として、生物多様性の保全と持続可能性に配慮した商品の適切な選択という役割も考えられる。

第四章の基本方針では、第一節で、基本的視点として、①科学的認識と予防的順応的態度、②地域重視と広域的な認識、③連携と協働、④社会経済的な仕組みの考慮、⑤統合的な考え方と長期的な観点を挙げている。

特に、「地域重視と広域的な認識」では、生物多様性の保全が地域に固有の自然を対象とした地域活動に支えられること、現場で活動している人たちこそがその中心的役割を担うことを強調するとともに、地域間の人と情報のネットワークの重要性、さらに、日本の経済活動や生物多様性と密接な関係にあるアジア太平洋地域とのつながりを認識する必要性も指摘。また、「連携と協働」では、政府・地方公共団体・企業・民間団体・専門家・地域住民など様々な主体が、より密接に連携・協働するための仕組みづくり、中でも、地域活動に日常的にかかわる地方公共団体や住民が主体となった計画作成や活動が重要であることを盛り込んでいる。さらに、「社会経済的な仕組みの考慮」では、コウノトリの野生復帰に取り組む兵庫県豊岡市などのように、生きものブランド米の生産が生業として成り立つ例を示し、活動に携わる人たちに利益をもたらすか、少なくとも、経済的な負担が少ないことが、生物多様性の保全と持続可能な利用の取り組みを継続する鍵になることを強調した。

第二節では、今後五年間程度の間に重点的に取り組むべき施策の方向として、四つの基本戦略を提示。「生物多様性を社会に浸透させる」は、生物多様性の重要性に関する社会全体の認識を深めることが、すべての基礎になるという観点から一番目に掲げた。「地域における人と自然の関係を再構築する」は、人口が減少、これまでとは逆に、人が自然から押し返される時代が来ることを念頭に置き、「森・里・川・海のつながりを確保する」は、ひとつの地域だけでなく上流から下流まで、河川から水田までといった広域的な視点が必要という認識だ。「地球規模の視野を持って行動する」は、輸入に頼る自然資源や、渡り鳥・海棲哺乳類など国境を越えて移動する動物など、国内だけでなく世界の生物多様性のことを考えて取り組もうという姿勢を示している。

このうち、「生物多様性を社会に浸透させる」では、国家戦略を地域での活動につなげるには、都道府県はじめ地方公共団体が地域特性に応じた「地方版」の生物多様性戦略をつくることが不可欠と強調。

滋賀県で策定された「ふるさと滋賀の野生動植物との共生に関する基本計画」や、千葉県で県民参加型ワークショップの開催を通じて策定が進められている「生物多様性ちば県戦略」のほか、COP10開催を視野に愛知県や名古屋市でも策定の動きがあることを踏まえ、それらの動きを全国に広げるための指針を国が作成することを記述している。

国家戦略は二回の改定を経て、社会への浸透と地域での取り組みを強く意識した内容となり、そのための具体的施策も示している。問われるのはその実行力であり、その責任を負うのは国だが、実効性が確保できるか否かは、国、地方公共団体、民間などが効果的に連携し、各地域の活動が地に足が着いた形で進展するかどうかにかかっている。

第二部

温暖化に追われる生き物たち

千葉県内で分布を拡大する亜熱帯の昆虫

倉西良一

亜熱帯の昆虫が千葉県内で分布を広げている。ナガサキアゲハ、ムラサキツバメ、ツマグロヒョウモン、クロコノマチョウ、クマゼミ、ヨコヅナサシガメなどの分布拡大はなにを意味するのだろうか。

六種類の分布発見のいきさつ

〈ナガサキアゲハ〉

ナガサキアゲハは、黒い大きなアゲハチョウで、翅を広げると百十ミリにもなる。林縁を流れるように飛翔し花を訪れる。日本産の他の黒いアゲハチョウと大きく異なる点は、後翅に尾状突起がないことで、このチョウと識別が困難な種は国内にはいない。「ナガサキ」という名は、このチョウ（日本に分布する亜種）を記載したシーボルトが、長崎ではじめて採集したことによる。幼虫は、ウンシュウミカン、ユズ、カラタチなどミカンの仲間の葉を食べて育つ。このチョウは、北に分布を拡大するチョウとして有名で、分布北限が変化は注目されていた。一九四〇年代には、九州や四国が分布の北限だったが、その後分布を徐々に広げ、七〇年代には瀬戸内地方、八〇年代には近畿地方、九〇年代には東海地方まで分布を広げ（吉尾　一九九五）、二〇〇〇年には南関東各地に侵入を開始した。

千葉県では、一九七五年に船橋市で一例記録されたものの、その後に報告がなかったが、二〇〇〇年九月十一日に館山市船形小学校内で、ナガサキアゲハのメスが本間元輝さんによって採集された。次いで、平井良明さんが安房生物愛好会の「冬虫夏草」に報告したのが二例目（平井　二〇〇一）。二〇〇一年には、南房総（竹平ほか　二〇〇二）はもとより、君津市（丸　二〇〇一）、富津市（田中・斉藤二〇〇一、宇野　二〇〇二）でも、飛翔中の成虫が相次いで記録された。千葉県立中央博物館友の会で昆虫教室を主宰する矢野幸夫さんは、二〇〇一年十月に千葉市花見川区の民家の庭のユズの木から見つかったナガサキアゲハの幼虫を飼育し、七日後に褐色の休眠蛹になったことを報告（矢野　二〇〇二）。ナガサキアゲハは、飛来した先々で子孫を残しながら確実に分布を広げていったとみられる。侵入から数年たった二〇〇六年の夏には、千葉市中央区では毎日見かけるチョウになった。房総半島全体で、普通に見かけるチョウとなったようだ。二〇〇〇年に侵入して以来、瞬く間に分布を広げ、定着した。

〈ムラサキツバメ〉

ムラサキツバメは、シジミチョウの仲間では比較的大型で、翅を開くと約四十ミリ。雌の前翅に深い青色の斑紋があり、後翅に細い尾状突起がある。「ツバメ」というのはこの尾状突起の形による。よく似た種にムラサキシジミというチョウがいるが、体がひと回り以上小さく、尾状突起がないから識別は容易。ムラサキツバメの幼虫は、マテバシイの若芽・若葉を食べる。

ムラサキツバメの分布の北限は従来、和歌山県とされていた（猪又　一九九〇）。一九八三年に館山市で採集された（福島　一九八四）。その後、記録はなかったが、二〇〇〇年以降、突如、千葉県各地で報告されるようになった（大塚　二〇〇一、佐藤　二〇〇一）。二〇〇一年に発行された千葉県昆虫談話会の「房総の昆虫」には、ムラサキツバメに関する報告が十二編もあったが、そのうちの一編は、米田洋斗君（当時小学三年生）が我孫子市柴崎台で雌を採集、記録したものだった（米田　二〇〇一）。

ムラサキツバメは、強い飛翔力を持つので多くの個体が発生していた三浦半島から南房総に東京湾を横切るように自力で飛んで飛来したという説がある一方で、幼虫の餌となるマテバシイが道路や工業地帯の緑地帯に植栽される樹種でもあることから、マテバシイの植栽にまぎれて卵や幼虫が南方の発生地から運ばれ、移植先で個体数が増え分散したという人為が分散に係わった考え方もある。高桑（二〇〇一）も、神奈川県を含む関東へのムラサキツバメの侵入は、放蝶行為も含めた人為的な作用が強く働いている可能性が高いことを指摘している。ムラサキツバメの房総半島での急激な分布拡大には目を見張るものがあり、千葉県の昆虫としてすでに定着した。

〈ツマグロヒョウモン〉

タテハチョウ科の一種で、ツマグロという名は、雌の前翅の先端部が黒いことによる。翅を開くと約六十五ミリのタテハチョウは、翅の色彩が鮮やかで、よく目立つ。アフリカからインド、インドシナ半島、オーストラリア、中国、朝鮮半島、日本までの熱帯・温帯域に分布。日本における北限は、本州南西部とされていた。房総半島では一九九〇年代まで、時々、採集記録があるだけで、たまたま飛来した迷チョウという扱いだった。ところが、一九九九年に千葉県昆虫談話会の鈴木智史さんが千葉市若葉区で雌を目撃してから記録が激増（鈴木　二〇〇〇）。野田市（柳澤　二〇〇二）、松戸市（三橋　二〇〇五）、銚子市（増田　二〇〇三）でも記録され、北総地域を中心に勢力を拡大し、二〇〇七年にはこれまで姿を見なかった、千葉市若葉区でも多数の個体が観察されている（大塚　私信）。今後、南房総に向かって分布を拡大していくであろう。

ツマグロヒョウモンの幼虫は、各種スミレ類を食草とする。野生種のスミレ類だけでなく、園芸種のパンジーやビオラなども食べるので、都市公園などの花壇でも、幼虫は生活することが可能だ。荒れ地が都市公園になり、パンジーなど幼虫の餌となる園芸植物が多く植えられたことに加え、ツマグロヒョウモンは一年に世代を複数重ねることができる点などが、分布拡大・定着の要因と推測される。特に関東地域への侵入に関しては、ツマグロヒョウモンは園芸種をも利用出来ることから、苗について南の発生地から入った可能性もある。

ツマグロヒョウモンの分布拡大で懸念される問題もある。ツマグロヒョウモンは、他のヒョウモンチョウと異なり幼虫で越冬できるのである。他のヒョウモンチョウの仲間が卵で越冬しているので、越冬後、すぐに動けるツマグロヒョウモンの幼虫は、春にいち早く野生のスミレをも食べ尽くしてしまうかもしれない。もしそうなれば、房総の他のヒョウモンチョウは大きな打撃を受けて個体数が減少する可能性がある。

〈クロコノマチョウ〉

翅を広げると約六十五ミリ、ジャノメチョウの仲間。翅の地色が茶褐色で、裏面に枯れ葉に似た斑紋がある。照葉樹などで形成された薄暗い林内に生息、警戒心が強く、人が近づくと素早く逃げる。昼間はほとんど活動せず、夕刻から活発に動き出す。幼虫は、ススキを食草とする。

クロコノマチョウの分布は従来、静岡以西とされていた（猪又　一九九〇）。房総半島では、一九八一年に清澄山で採集され（望月　一九八一）、その後、南房総で卵や幼虫を含め記録が増加（竹平　一九九〇、大塚　一九九一）。千葉県昆虫談話会の大塚市郎さんと会員有志は、一九九二年から九四年にかけて、クロコノマチョウの分布が南房総から北総地域にどのように拡大するか、生息環境である暗い林がある神社や寺院で集中的に調査した。この結果、クロコノマチョウは一九九四年に南房総から北総に急激に分布を拡大したことがわかった。この分布拡大の経過は、『房総の昆虫』に詳細に記録されている（大塚　一九九三、一九九四、一九九五）。現在では、房総半島各地に広く分布し南房総では確実に定着している。また近隣他県でも分布が広がっている（大塚　私信）。

〈クマゼミ〉

日本に生息する最大のセミで、体長は約五十ミリ。透明な翅に、体は艶のある黒色。雄は腹を激しく縦に振りながら「シャ、シャ、シャ……」と大きな音を発する。クマゼミは暖地性のセミで、従来、関東には分布せず、西日本の温暖な地域、四国、九州、琉球列島と、台湾などで知られていた。二〇〇七年夏、大阪市では、大発生したクマゼミのすざまじい騒音に加え、クマゼミの雌が電柱の光ケーブルを枯れ枝と誤認、鋭い産卵管で産卵用の穴をあけたため、深刻な通信障害を発生し、社会問題を引き起こした。

千葉県では一九七〇年ごろ、その特徴ある鳴き声が時折、確認されていたが、一九九〇年代になって、南関東で発生が記録され、千葉県でも市川市（山崎・板橋　一九九二）や佐倉市（信太　一九九六）で、その存在が報告された。その後、房総半島各地（柳澤　二〇〇三）で報告されるようになり、千葉県立中央博物館の生態園でも、二〇〇〇年八月にその特徴ある声が聞かれ（直海・宮野　二〇〇一）、以降、毎年八月の午前中にはクマゼミの声がこだまするようになった。

〈ヨコヅナサシガメ〉

ヨコヅナサシガメは、カメムシ目サシガメ科に分類されるカメムシの一種で、体長は約二十ミリ。体色は光沢ある黒色、腹部のへりは白黒のまだら模様で、翅の外側に張り出している。脱皮直後は、鮮やかな赤色がよく目立つ。サクラなどの古木の樹幹に集団で生息、幼虫、成虫とも他の昆虫に細長い口吻を突き刺し、吸汁する。この行動から、サシガメという名がある。「ヨコヅナ」という名の由来は、日本に生息するサシガメのうち最大であることと、腹部のへりのまだら模様を横綱の化粧まわしに見立てたためか。元来、中国から東南アジアに分布する昆虫で、昭和初期に貨物に紛れて九州に入ってきたと考えられている。その後、次第に生息域を拡大、苅部（二〇〇一）によると一九九〇年代になって関東地方でも見かけられるようになった。

千葉でヨコヅナサシガメを最初に報告したのは、千葉県昆虫談話会の信太利智さん（故人）で、二〇〇一年五月に佐倉市内田のオオシマザクラの古木に集団越冬していた個体群（信太　二〇〇三）。その後、ヨコヅナサシガメは房総半島各地で見つかるようになった（井上　二〇〇三、青木　二〇〇四、星・松井　二〇〇四、宮内　二〇〇五など）。

ナガサキアゲハの北上は冬季気温の上昇が原因か

ナガサキアゲハは大きく、目立つ昆虫ゆえ、北への分布拡大はかねて、注目されてきた。大阪府立大学（当時）の吉尾政信さんと石井実さんは、この分布拡大の内的要因として、ナガサキアゲハの休眠性や耐寒性の強化、外的要因として、気候の温暖化を想定、興味深い研究を行っている。ナガサキアゲハは、蛹で越冬する。この蛹の状態で、どのように冬を乗り切るかを見極めることが、この生物の分布拡大の謎を解く鍵だ。冬を乗り切るための休眠蛹になる時期や蛹の期間などを北の地域の気候に合致させることができれば、分布を拡大できる。二人は臨界日長（蛹の休眠が誘導される日長）、休眠した蛹の眠りの深さ、蛹が凍る温度（過冷却点）が北に向かう前線（大阪や和歌山）の個体群と、もともと分布していた鹿児島市や奄美大島の個体群との間に違いがあるかどうか調べた。すると、両者の間に大きな相違はなく、生理的な変化を伴わず、北へ向かっていることがわかった。

そこで、冬期の連続した低温の影響を知るため、標高の異なる地点に休眠蛹を置き、その生存率を調べた。標高三十メートルでは、すべて生存してが、標高四百メートルでは半数が死亡、八百メートルと千百メートルでは絶滅。気象データの解析で、冬期の最低気温がマイナス三・四℃以上、最低気温が〇℃を下回る日（冬日）が五十二日以下の場所で、半数の個体が越冬できると推定できた。大阪市北部の低地では、一九五〇年代における冬期の最低気温の平均はマイナス五・四℃、冬日の平均日数は五十四日だったが、ナガサキアゲハが定着した一九九〇年代には、冬期の最低気温の平均はマイナス三・三℃、冬日の平均日数は二十六日だった。これらのことから、ナガサキアゲハの分布拡大は、休眠性や耐寒性の強化ではなく、冬期の気温の温暖化に後押しされたものだとしている。（吉尾・石井　二〇〇一、Yoshio & Ishii, 2001）。

千葉市にある測候所の観測データによると（**図5・1**）、一九七〇年代における冬期の最低気温の平均はマイナス三・七℃、冬日（最低気温が〇℃を下回る日）の平均日数は三十一・七日、八〇年代でも、

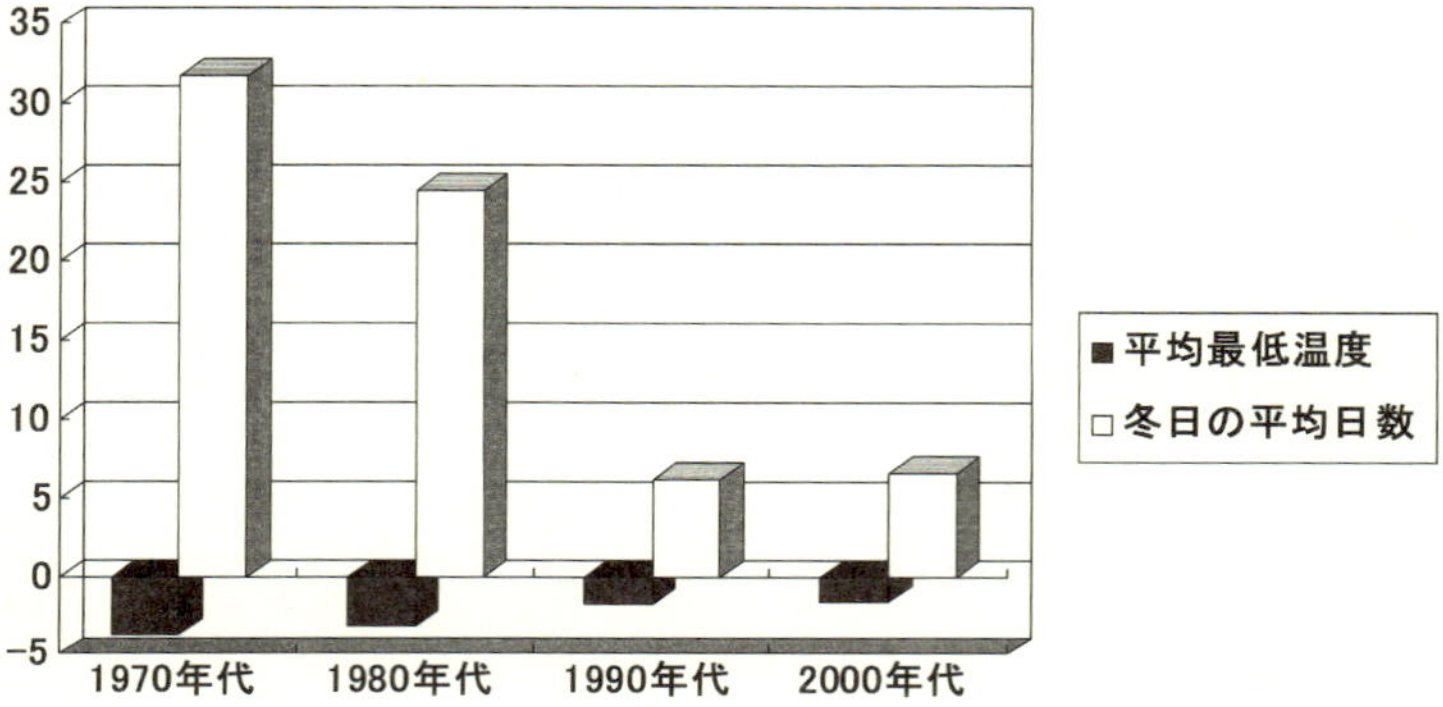

図5・1
千葉市の測候所で観測された冬期の気温の変化。冬日とは、最低気温が〇℃を下回る日。気象庁のHPより作成。

最低気温の平均はマイナス三・二℃、冬日の平均日数は二十四・四日。ところが、九〇年代の最低気温の平均はマイナス一・七℃、冬日の平均日数は六・三日となり、最低気温の上昇とともに、氷点下に下がる冬日が大きく減少。二〇〇〇年から二〇〇六年の間でも、最低気温の平均はマイナス一・六℃、冬日の平均日数は六・七日で、九〇年代とほぼ同じ傾向にあり、冬の気温から見ると、千葉市ではナガサキアゲハは移動さえしてくれば、余裕を持って冬を越せる気温条件にあったと言える。今後、ナガサキアゲハは房総半島でますます勢力をのばすことが予測される。

沼田と初宿（二〇〇七）は、その著作の中で、温暖化とクマゼミの増加の関係について、特に関東におけるクマゼミについて、興味深い推測を行っている。関東のクマゼミと関西のクマゼミが生理的に同じ性質を持っていると仮定すると、「八月の平均気温が二十五・一℃以上で一月の平均気温が三・〇℃以上」の場

図5・2
沼田英治、初宿成彦『都会にすむセミたち――温暖化の影響？』（海游舎）のp150の図より転載。

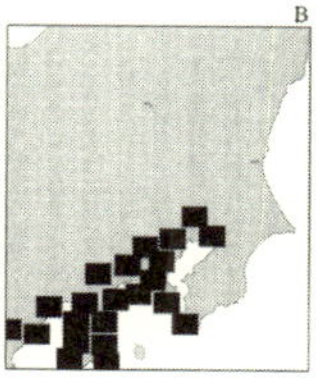

A：関東地方で平均気温が25.1℃（８月）、30℃（１月）以上の地域。B：環境庁の1995年の調査で、クマゼミが見つかった地域。近畿に比べると一致している範囲は少ない。気温条件からクマゼミのすめる地域は広いがまだたどり着いていない地域が多いと考えられる。

所がクマゼミの発生可能地域となるという（**図５・２**）。これは一九九五年の環境庁（当時）のクマゼミ分布調査結果とはかなりかけ離れているが、（九五年の時点では、まだ、関東でクマゼミが分布しているところは神奈川県の南部などに限られていた）このズレは、気温条件から見ると、クマゼミが生息できる地域は広いが、クマゼミは分散速度が遅いため、たどり着いていなかったことから生じたとみている。二人の推論では、約二十年後の二〇三〇年には、東京の緑地帯や房総半島はクマゼミでいっぱいになるということだ。

昆虫の分布拡大を観察する市民グループ

千葉県内には、身近な生き物に関心をもって研究をしている市民グループがいくつもあるがそのひとつが、安房生物愛好会。設立は一九六四年で、県立安房高校の生物部ＯＢ会が母体。会員数約百五十人、研究対象は昆虫だけでなく、植物、哺乳類など、地域の生き物全般と幅広い。「冬虫夏草」という名の機関誌を毎年発行、観察会、講演会のほか、館山市文化祭には一九六五年から参加している。

もうひとつは、千葉県昆虫談話会。このグループの設立は一九八九年で、千葉県立中央博物館の開設と同時。会員数は、約百六十人、研究対象は主に、房総半島の昆虫。チョウ、コウチュウ、トンボなどに興味をもつ会員が多い。「房総の昆虫」を年二回発行、この機関誌は千葉の昆虫相を語るうえで欠くことができない存在になっている。

この二つの市民サークルの地道な活動がなければ、変わりつつある地域の自然の変化、昆虫の分布の拡大をとらえることは不可能だった。見る目の多さ、フットワークの良さ、好奇心の強さ、問題意識の正確さが、観察結果に直結するからだ。多くの自然の変化は、なにげない毎日の観察から発見されることが多く、問題意識がある市民の活動こそ、地域の生物多様性情報の蓄積には不可欠であることを示す好例と言えよう。

亜熱帯の昆虫が定着している現象は歓迎できるのだろうか?

夏の日射しを受けて悠然と飛ぶアゲハチョウ。ナガサキアゲハの飛ぶ姿は大変美しい。こんな素晴らしい生き物が新たに加わって何が問題か? 悪いことなど一つもない。クロアゲハと競合して、たとえクロアゲハが減ったとしても、そもそもクロアゲハは柑橘類を食べる害虫だから関係ない。このような議論が実際に存在する。この見解は正しいのだろうか？　亜熱帯起源の昆虫が一種、生態系に加わっても大きな影響はないのかもしれない（この問題は、別の視点からの研究が必要で結論は簡単ではない）。

もし亜熱帯の昆虫が種類を問わず頻繁に人為的に運ばれる可能性があるならば話は少し変わってくる。今回紹介した昆虫の中にも、自力で房総半島にたどり着いたと言うよりも人為的に運ばれたと考えざるをえない昆虫が少なからず存在するからだ。先程、データを示したように、房総半島では冬期の低温期間が短いため、冬の寒さが原因で分布が制御されていた昆虫がいたとすれば、現状であれば特に都市部では、充分定着可能だと推測される。あまり考えたくはないが、伝染病が侵入すると病気を媒介する昆虫が揃っているので危険である。ニューヨークで西ナイル熱が流行したことは決して対岸の火事と済ませるわけにはいかない。西ナイル熱を伝染させるヤブカやイエカは日本にも生息し、千葉県でも暖かい都市部では一年中繁殖している。それゆえウイルスの侵入を許してしまうと大変だ。ワクチンはまだ開発されていない。桐谷（二〇〇一）は、温暖化がすすむと日本でもハマダラカの仲間が媒介するマラリアやヒトスジシマカの媒介するデング熱の危険が増大することを指摘している。

伝染病以外でも怖い昆虫は沢山いる。ハチよりもはるかに恐ろしいアリが存在する。隣の台湾では、もともと南米に生息するヒアリ（Fireant）が何かに紛れて侵入し各地で増殖し大きな被害を出している。このアリは攻撃性が強く、刺されると激痛が走るだけではなく強いアレルギー反応を引き起こしショックで死亡することもある。いったんヒアリが生息をはじめると他のアリ類や地表で暮らす昆虫攻撃し死滅させるので生態系に大きな変化が生じる。農業や酪農への深刻な影響、キャンプなどの野外活動が出来なくなることは言うまでもない。亜熱帯には美しい昆虫もいるが危ない昆虫も多数いる。それら危険な昆虫や昆虫が媒介する伝染病がなんらかの理由で我々のそばに入ってくるかもしれないからだ。私は、ナガサキアゲハの飛翔を見るたび、今後起こるかも知れない不測の事態を警告してくれているように思えてならない。

房総半島のチョウに関して貴重な助言を下さった、千葉県昆虫談話会の大塚市郎さんに深く感謝いたします。

引用・参考文献

青木直芳　二〇〇四　我孫子市・柏市におけるヨコズナサシガメの採集記録　房総の昆虫　33：二四頁
福島努　一九八四　千葉県館山市でムラサキツバメを採集　月刊むし　166：四五
平井良明　二〇〇一　南方系のチョウ二題　冬虫夏草　四〇：四三頁
星光流・松井安俊　二〇〇四　ヨコズナサシガメ越冬幼虫の佐倉市、千葉市、我孫子市での記録　房総の昆虫　32：五五頁
猪又敏男　一九九〇　原色蝶類検索図鑑　北隆館
井上尚武　二〇〇三　千葉市でヨコズナサシガメを採集房総の昆虫　31：二〇頁
苅部治紀　二〇〇一　海老名市でヨコズナサシガメを採集　神奈川虫報　134：七九頁
桐谷圭治　二〇〇二　昆虫と気象　成山堂書店
丸　諭　二〇〇一　千葉県におけるナガサキアゲハの記録月刊むし　370：八頁
増田宣雄　二〇〇三　銚子市でツマグロヒョウモン採集　房総の昆虫　31：七頁
三橋　渡　二〇〇五　千葉県松戸市でツマグロヒョウモンを採集　房総の昆虫　34：二七頁
宮内博至　二〇〇五　印旛村でヨコズナサシガメを採集　房総の昆虫　34：七一頁

望月　淳　一九八一　千葉県清澄山でクロコノマチョウを採集　月刊むし　119：三二頁
直海俊一郎・宮野伸也　二〇〇一　千葉市中央区でクマゼミの鳴き声を聞く　房総の昆虫　26：六頁
沼田英治・初宿成彦　二〇〇七　都会にすむセミたち――温暖化の影響？　海游社
大塚市郎　一九九一　南房総におけるクロコノマチョウの採集記録―一九九〇年―九一年春までの記録より―　房総の昆虫　4：四二―四三頁
大塚市郎　一九九三　千葉県に於けるクロコノマチョウの分布―一九九二年度クロコノマチョウ調査報告―　房総の昆虫　8：四―八頁
大塚市郎　一九九四　一九九三年度クロコノマチョウ調査会報告　房総の昆虫　10：一五―一六頁
大塚市郎　一九九五　一九九四年クロコノマチョウの調査報告　房総の昆虫　13：一六―一八頁
大塚市郎　二〇〇一　安房郡千倉町のムラサキツバメの発生について　房総の昆虫　25：三三頁
佐藤隆士　二〇〇一　二〇〇〇年秋の千葉県内でのムラサキツバメの発生調査結果　房総の昆虫　26：二頁
信太利智　一九九六　佐倉でクマゼミを聞く　房総の昆虫　16：二四頁
信太利智　二〇〇三　ヨコズナサシガメ佐倉に発生　房総の昆虫　31：一八―一九頁
鈴木智史　二〇〇〇　千葉市でツマグロヒョウモンを目撃　房総の昆虫　24：四七頁
高桑正敏　二〇〇一　亜熱帯性チョウ2種の関東における発生の謎（一）　月刊むし　364：一八―二五頁
竹平洋一　一九九〇　クロコノマチョウの飼育記録　冬虫夏草　30：一六―一八頁
竹平洋一・平井良明・山井廣　二〇〇二　ナガサキアゲハ目撃・採集情報　41：二二頁
田中敏博・斉藤清一　二〇〇一　千葉県でナガサキアゲハを採集　蝶研フィールド　184：二五―二六頁
宇野誠一　二〇〇二　千葉県富津市でナガサキアゲハを採集　月刊むし　372：四七―四八頁
山崎秀雄・板橋武　一九九二　クマゼミ江戸川を渡る　昆虫と自然　27（一四）：四三頁
柳澤勉　二〇〇一　野田市でツマグロヒョウモンを目撃　房総の昆虫　25：三三頁
柳澤勉　二〇〇三　クマゼミの鳴き声の観察例　房総の昆虫　31：三〇頁
矢野幸夫　二〇〇二　千葉県千葉市でナガサキアゲハ幼虫を採集　月刊むし　379：四七―四八頁

米田洋斗　二〇〇一　我孫子市のムラサキツバメ　房総の昆虫　25：三四頁

吉尾政信　一九九五　近畿地方北部におけるナガサキアゲハの採集・目撃記録（その2）　昆虫と自然　30（一三）：二〇–二二頁

吉尾政信・石井実　二〇〇一　ナガサキアゲハの北上を生物季節学的に考察する　日本生態学会誌　51：一二五–一三〇頁

Yoshio, M. and M. Ishii 2001 Relationship between cold hardiness and northward invasion in the great mormon butterfly, Papilio memnon L. (Lepidoptera: Papilionidae) in Japan Appl. Entomolo. Zool. 36 (3): 329–335.

海水温の上昇と海洋生物の分布
——館山湾の固着性生物に注目して——

宮田昌彦

この約五十年間（一九五五〜二〇〇四年）に地球システム全体が過熱され大気と海洋に貯えられた熱量の約八四％が海洋全体に貯熱されたと推定される。それは表層数百メートルにおいて海水温が著しく上昇し、海洋全体の平均で〇・〇三七℃の昇温に相当する（Levitus et al., 2005）（図6・1）。地球温暖化の影響が海洋に及んでいることを示している。一方、海洋は大気の約千倍という大きな熱容量を持っているため、暖まりにくく、その変化は大気に比べて穏やかである。

海洋生物の生育環境を一義的に規定する海水の温度変化と海洋生物の分布について、房総半島沿岸海域で報告されている研究成果をもとに考えてみよう。

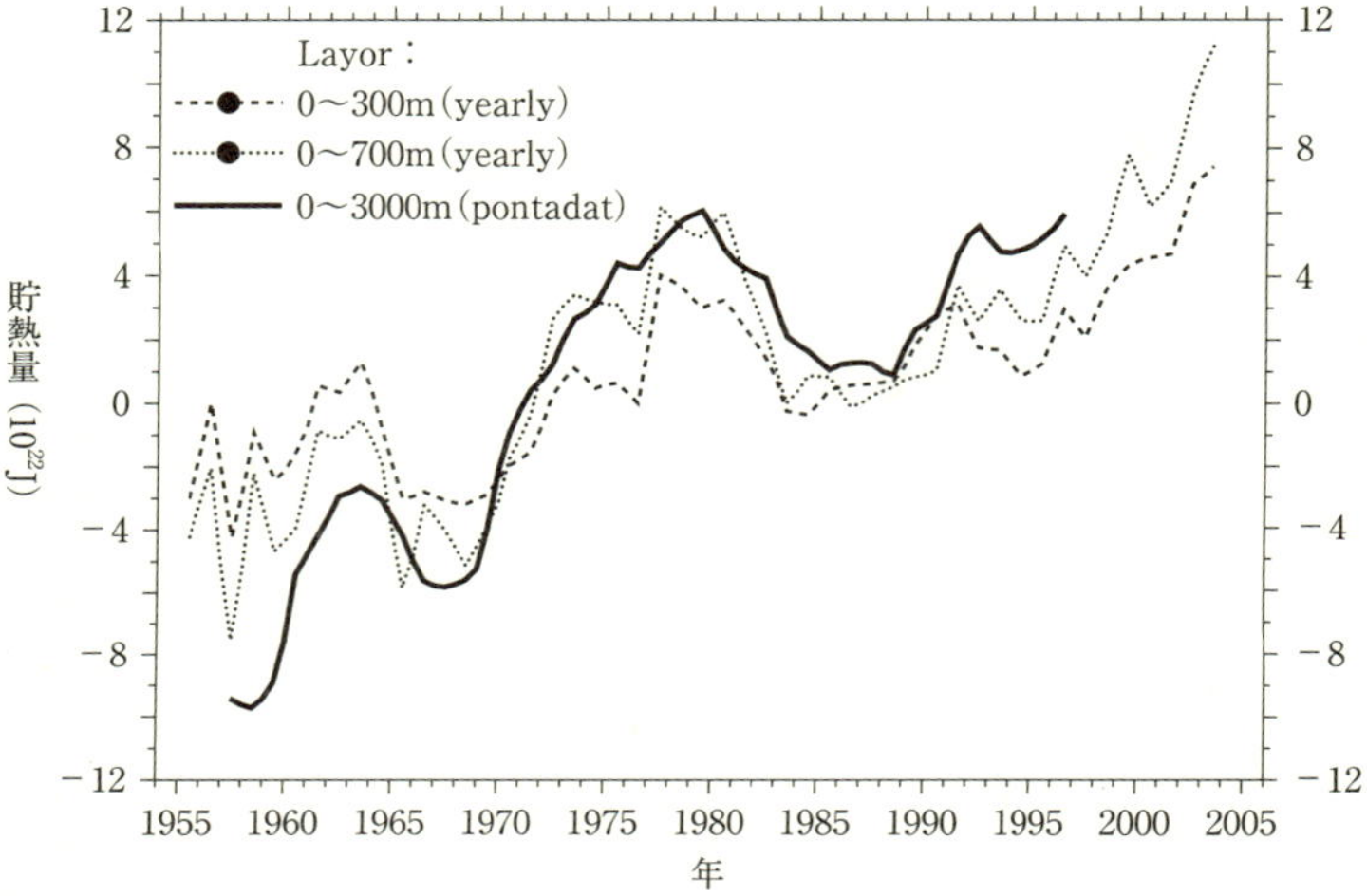

図 6.1　全海洋の貯熱量の経年変動（1955～2004年）

0～300m深の年平均、0～700m深の年平均、0～3000深の 5 年移動平均。それぞれの時系列は、1957～1990年の平均値を0として表示している（Levitus et al., 2005を改変）。

表層水の温度は大気が影響

外房海域六観測定点と銚子・九十九里海域七観測定点※における海水温の測定結果（一九六四年七月～二〇〇〇年三月）は、特に表層水（〇メートル）の上昇傾向を示している（岡本、清水　二〇〇二）（図8・2-1）。そして、両海域とも観測期間における長期的な上昇傾向は認められないものの、一九九七～二〇〇〇年において以降、水深〇メートル、五十メートル層、百メートル層において、上昇傾向にある。また、一九九五年四月～二〇〇〇年七月に野島埼南東二十マイル付近（北緯三四度四九分、東経一四〇度〇〇分）の水深〇メートル、三百メートル層、六百メートル層、九百メートル層までの観測結果は、各水層とも水温の上昇傾向を示している（図6・2-2）。また、水温変動と黒潮流軸の離岸距離との関係は、外房海域、銚子・九十九里海域とも、各水深で相関が高く、浅くなるほど相関が低く、表層水の温度は、黒潮より大気の影響を受けていると考えられる（表6・1）（岡本・清水　二〇〇二）。一方、外房の小湊（北緯三五度〇七分、東経一四〇度十一分）（一九五〇～二〇〇〇年）における表層水の定点観測においては、一九九八～二〇〇一年において、海水温の上昇傾向を認めるが、長期変動としての昇温傾向は認められない（図6・3）。これは、沿岸における河川水などの環境要因が影響した可能性がある。

これら海水温の観測結果は、北赤道海流に由来する黒潮系水の温度上昇を示唆し、北西太平洋海域の

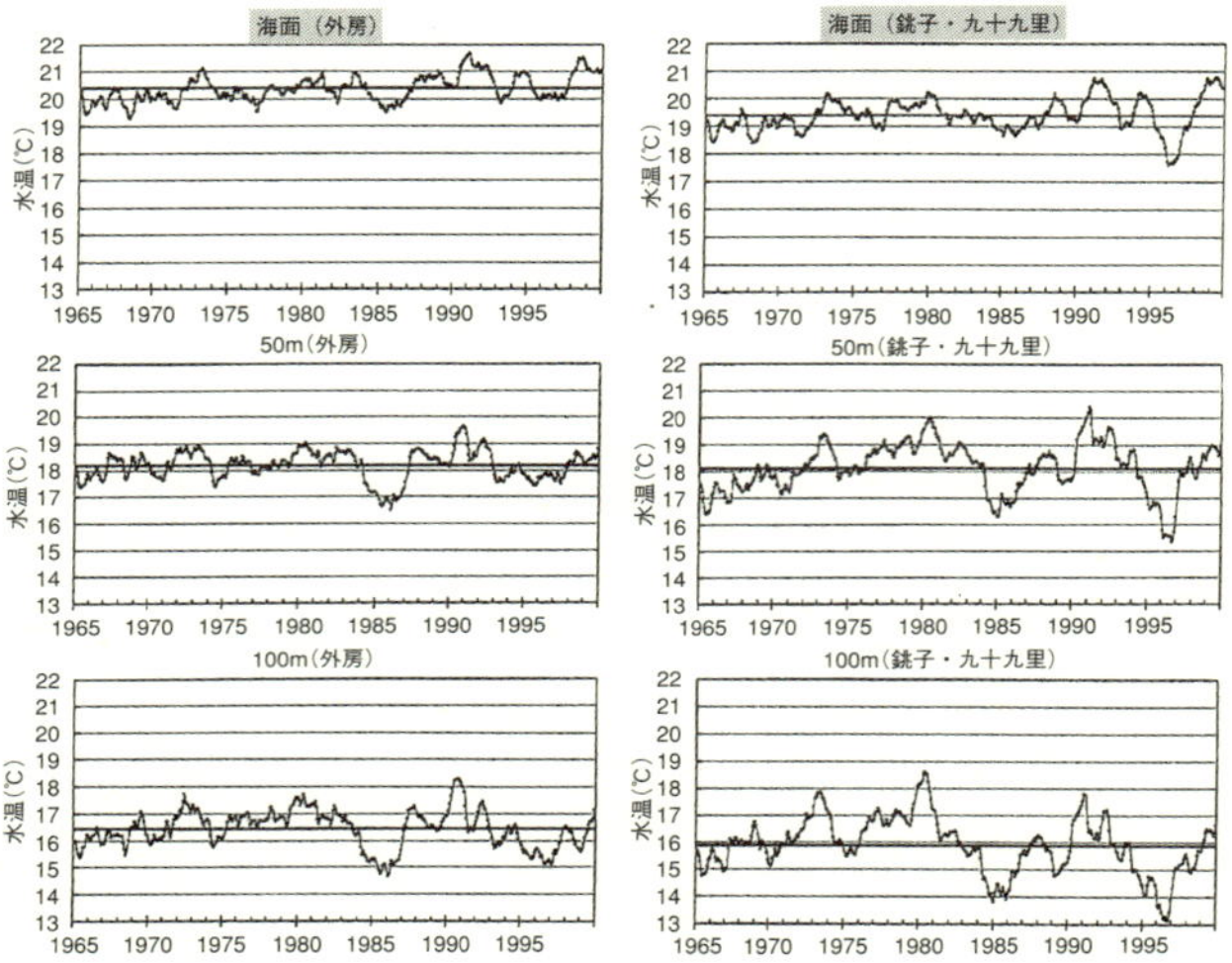

図6・2-1

外房海域（6観測点）、銚子・九十九里海域（7観測点）における海水温の長期変動（1965～2000年）（岡本・清水　2002より）

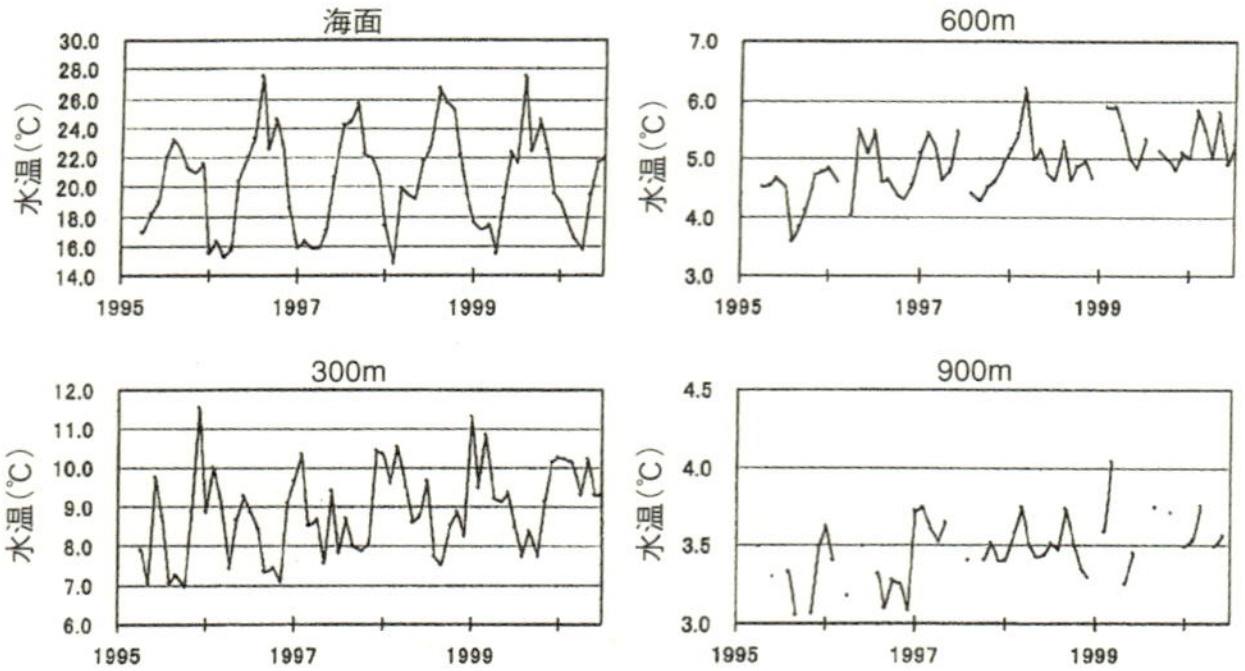

図6・2-2

野島崎南東20マイル（34°49．0′N　140°00．0′E）における水深別水温の経月変化（1995.4～2000.7）（岡本・清水　2002より）

水深（m）	外房－太東岬南東方	銚子・九十九里－犬吠埼南東方
0	0.33	0.54
50	0.55	0.69
100	0.69	0.70

表6・1　水温と黒潮離岸距離の相関係数（岡本・清水　2002より）

大気の温度上昇と房総半島周辺海域及び黒潮続流の海水温上昇とのかかわりを示唆している。

また、大気海洋結合モデルModel for Interdisciplinary Research on Climate（MIROC）を用いて、海洋のメッシュ間隔を二十キロメートルとして、二酸化炭素濃度を毎年一％漸増させて九十年積分という条件において、温暖化が黒潮に与える影響を温暖化以前と二一世紀の末とを地球シュミレター（スーパーコンピュータ）を使って比較した結果、二十一世紀の末ごろには、黒潮の流速が温暖化以前の三割程度増大すると推定された（Sakamoto et al. 2005）。この結果は、黒潮の流れかたに生活史を適応させて房総半島沿岸域を回遊するサンマやイワシなど、水産資源となる多様な生物群集からなる生態系に変化を与え、また、アカモクなど流れ藻となって分布域を拡大して藻場を形成するホンダワラ類の輸送にも影響して沿岸及び沖合いにおいて、水産資源の持続維持に影響する可能性が指摘される（桑原ほか　二〇〇六、小松ほか　二〇〇七）。この流れ藻は、マアジやブリの稚魚が一時期を随伴して過ごす場であり、また日本周辺ではトビウオ類やサンマ、サヨリが産卵基質として利用するため、重要である（池原　一九八六）。

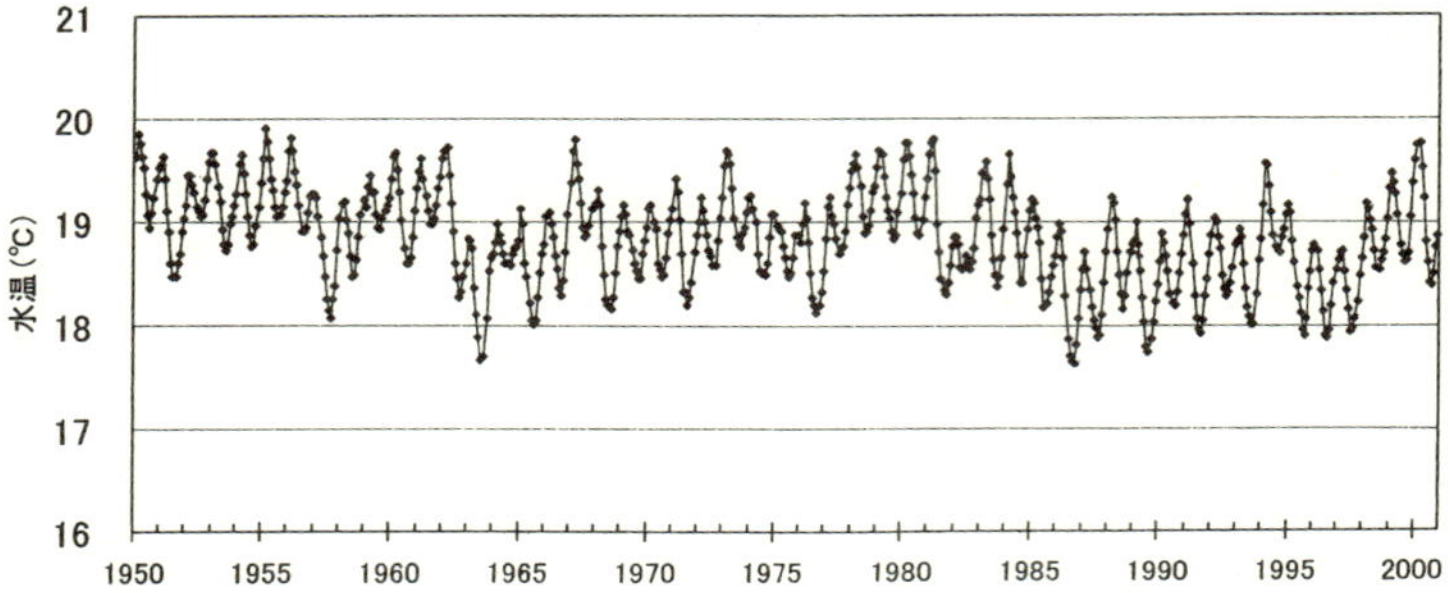

図6・3

小湊（鴨川市）における定地水温の13か月移動平均（1950〜2000年）（千葉県水産研究センター（編）2001より）

固着性海洋生物と水温上昇

海水温の上昇によって分布が左右される海洋生物は、生活史の中で固着生活の期間が長く、能動的に移動できない底生生物である。それらは海域環境動態をモニタリングするための有効な生物指標となる。

そのうち浅海域の一次生産者として藻場を形成して海洋生物の種の多様性を維持して漁業資源となるアワビやウニ、魚類などの保育場や成長の場を提供しているのが大型海藻と海草である（宮田　一九九九）。

また、館山湾を中心とする房総半島南部沿岸域には、高緯度に分布する北限の造礁サンゴが分布する。サンゴは、住み込み連鎖により多様な生物群集からなる生態系を形成する固着性動物である。

海藻（Seaweeds）・海草（Seagrasses）

房総半島沿岸域には、亜熱帯性要素（主に南房総、館山湾海域）と亜寒帯性要素（銚子海域）を含む温帯性の大型海産藻類が八六科二三四属五四〇種三亜種五変種一三品種（宮田・菊池・千原 二〇〇二）、海草が三属五種二変種一雑種が報告され（大場・宮田 二〇〇七）、本州太平洋沿岸おいて房総半島周辺海域は、海藻・海草の種の多様性の高い海域である。特に暖流系水（黒潮）の影響下にある館山湾には大型海藻と海草三属四種二変種が分布する（Ohba, et al, 1988; Miyata, 1995, Miyataほか 1999など）。また館山湾岸には水産講習所（現、東京海洋大学）はじめ、歴史的に多くの大学附属の臨海研究施設があり、東道太郎コレクション（一九二九）に代表される館山湾に由来する多量の海藻標本が蓄積されてきた。

富塚（二〇〇五）は、館山湾で一九一五～二〇〇五年に採集され、博物館や大学等の植物標本室に保管されていた海藻の証拠標本約二万点を再同定して、地震による隆起や埋め立てなど湾の海底に起こった地形学的な環境の変化を考慮して九十年間の海藻相を七期に分けて復元。その多様性を［I／H］値で示したうえ、館山湾に隣接して類似の海藻相を示す野島崎周辺海域における冬期表面海水温の長期変動との相関をみた。［I／H］値とは、緑藻と褐藻について、同型世代交代と後生動物型の世代交代を行う海藻の種数［I］と、異型世代交代を行う海藻の種数［H］の比。年平均水温の高い海域ほど高い

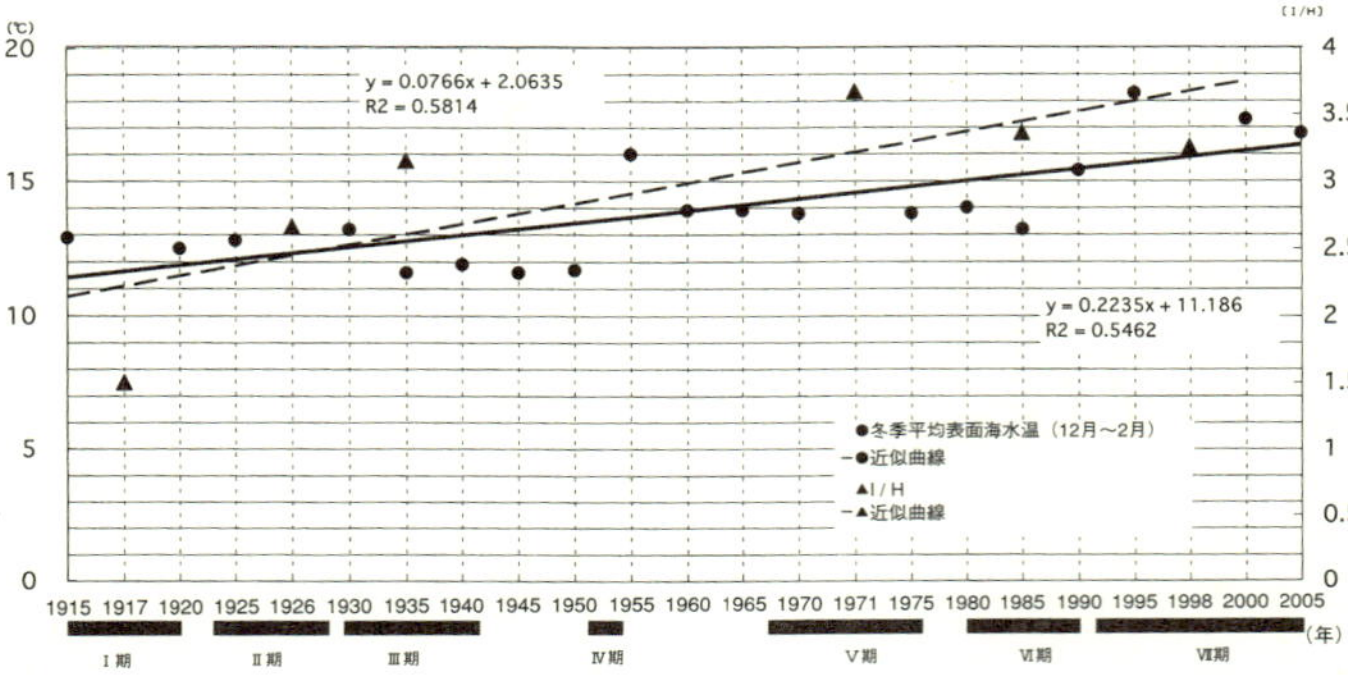

図6・4

（1915〜2000年）黒潮系暖流系水の影響を受けた野島崎周辺海域における冬季表面海水温との館山湾（Ⅰ〜Ⅶ期（1915〜2005年））における海藻相〔I/H〕値の変化（富塚　2005より）。

値を示し、海藻相が暖海性か寒海性かを示す指標にする（中原・増田　一九七一）。その結果、表層水温の上昇（約三℃）に対して、［I／H］の値が一・五〜三・〇に上昇し、暖海性の海藻相にシフトしたことを示唆した（**図6・4**）。時系列的な海藻相の復元に関しては慎重な判断が必要だが、この研究報告は、長期的（一九一五〜二〇〇五年）にみた海藻相の暖流系化への変化と表面海水温上昇傾向とのかかわりを示すものである。

房総半島沿岸海域に分布する海藻・海草の生活史の中で種の再生産を左右するステージの適水温（新田・板沢　一九八〇）と海水温が上昇した場合の分布について考えてみよう。ガラモ場を形成する褐藻ホンダワラ類（ホンダワラ、トゲモク、アカモク）の卵放出水温は［一五〜二三℃］、幼胚生育水温［一九〜二五℃］、また、ワカメの遊走子放出水温は［一七〜二〇℃］であり、紅藻テングサ類マクサの四分胞子放出水温は

［二一〜二六℃］、四分胞子発芽水温［一三〜二七℃］、果胞子放出水温［一九〜二三℃］である。また、海草アマモ科アマモの種子発芽水温は［一一〜一八℃］、新芽発生水温［八℃〜］、種子成熟水温［一九〜二三℃］、種子休眠水温［二五℃〜］であり、コアマモの種子発芽水温は［一〜一〇℃］である。また比較のために亜熱帯域に分布の中心があるオキナワモズクの配偶子放出水温は［二〇〜三〇℃］、配偶子・接合子着生水温（長日条件）［二〇〜二五℃］、遊走子着生水温［二〇〜二五℃］、造胞体出現期［二五℃前後］、造胞体生長水温［二五〜三〇℃］であり、ＩＰＣＣ（気候変動に関する政府間パネル）第四次報告（二〇〇七）の温暖化のシナリオにそった海水温上昇予測、一・四〜五・八℃の範囲で推移した場合、房総半島の海藻相と海草相は分布種の交替がおこり、生育期間の縮小、胞子や種子の再生産の阻害などにより現生種は分布域を北上させると考えられる。そして、日本固有種で千葉県大原海域のみに生育する褐藻コンブ科オオノアナメの絶滅が危惧される（Miyataほか 2005）。また、浅海域の一次生産者の構成種が変化することにより生態系が大きく変質して構造が変わり漁業生産に影響するだろう。

沿岸岩礁生態系の主たる一次生産者である大型海藻群落の面積が縮小し、海底面を紅藻無節サンゴモ類が優占して海中林を生息場所とする有用海産動物が消失する現象を「磯焼け」と呼び、日本列島各地から報告されてきた（一九〇二、遠藤　一九一一、富士昭　一九九九）。北海道沿岸域において、冬から春に表層水の高水温化が持続すると、コンブ科植物の現存量が減り、ウニの摂餌圧が高まり、水温上昇が引き金となって磯焼けが発生、持続することを報告している（津田　二〇〇七）

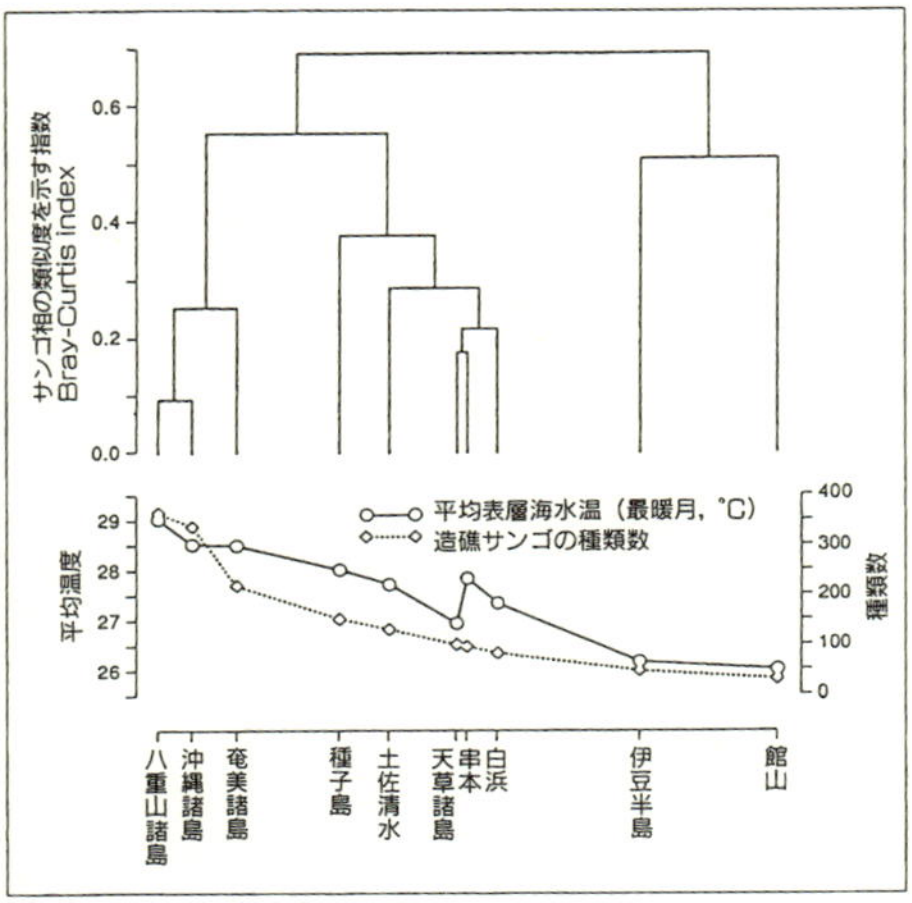

図6・5
日本周辺海域におけるイシサンゴ類造礁サンゴの種数と表層水温の緯度的変化および各地域間のサンゴ相の類似性（西平・Veron, 1992より）

北限の造礁サンゴ（Corals）

房総半島南部、鋸南町から館山湾を中心とした海域の潮間帯から漸深帯数十メートルの海底には、花虫綱・六放サンゴ亜綱・イシサンゴ目に属する造礁サンゴ十一科二十五種が生息する（Veron, 1993、西村・Veron, 1995）（**図6・5**、**表6・2**）。また、第四回自然環境保全基礎調査・サンゴ礁調査（環境省自然保護局 一九九四）は、非サンゴ礁海域では、被度五％以上で面積〇・一ヘクタール以上の群集を調査対象としておこなわれ、千葉県には、調査対象基準を満たした分布域はなかったものの、「千葉県の造礁サンゴ類は大平洋側の分布北限域で、生育型は被覆状が多く、塊状、枝状もそれぞれ二〇％を占める」と報告している。そして、八放サンゴ亜綱のウミズタ目、ウミトサカ目、ヤギ目、ウミエラ目、六放サンゴ亜綱のハナギンチャ

イシサンゴ目（花虫綱・六放サンゴ亜綱 Scleractinia）

オオトゲサンゴ科	**Mussidae**
ヒメオオトゲキクメイシ	Acanthastrea echinata
オオタバサンゴ	Blasutomussa wellsi
ミドリイシ科	**Acroporidae**
エダミドリイシ	Acropora tumida
ハマサンゴ科	**Poritidae**
ニホンアワサンゴ	Alveopora japonica
エダハナガササンゴ	Goniopora columna
ハナガササンゴ	Goniopora lobata
フタマタハマサンゴ	Porites heronensis
キクメイシ科	**Faviidae**
タバネサンゴ	Caulastrea tumida
コトゲキクメイシ	Cyphastrea chalicidicum
トゲキクメイシ	Cyphastrea microphthalma
フカトゲキクメイシ	Cyphastrea serailia
キクメイシ	Favia speciosa
ミダレカメノコキクメイシ	Goniastrea deformis
ルリサンゴ	Leptastrea purpurea
キクメイシモドキ	Oulastrea crispata
コマルキクメイシ	Plesiastrea versipora
クサビライシ科	**Fungiidae**
マンジュウイシ	Cycloseris cyclolites
ウミバラ科	**Pectiniidae**
キッカサンゴ	Echinophyllia aspera
チョウジガイ科	**Caryophylliidae**
ナガレハナサンゴ	Euphyllia ancora
サザナミサンゴ科	**Merulinidae**
トゲイボサンゴ	Hydnophora microconos
ヒラフキサンゴ科	**Agariciidae**
アバタサンベイサンゴ	Leptoseris mycetoserioides
シワシコロサンゴ	Pavona varians
ヤスリサンゴ科	**Siderastreidae**
アミメサンゴ	Psammocora profundacella
ベルベットサンゴ	Psammocora superficialis
ムカシサンゴ科	**Astrocoeniidae**
ヒメムカシサンゴ	Stylocoeniella armata

表6・2　館山湾に生息する造礁サンゴ、イシサンゴ11目科25種（西村・Veron, 1995より）

ク目、イシサンゴ目（キクメイシ科一五種、ハマサンゴ科四種を含む三六種）、イソギンチャク目、ツノサンゴモ目に属し、熱帯から亜熱帯地域に分布の中心をもつ種が報告されている（内田　二〇〇三）。特に、キクメイシ科（九種）とハマサンゴ科（四種）の種数が多いことが特徴である。また、最寒月には〇℃近くまで下がり露出する潮間帯からキクメイシモドキが勝浦、館山沖ノ島で確認されている。そして、館山湾内において、一九九五年に産卵が観察されたエダミドリイシとキクメイシの一種は再生産をおこない、ニホンアワサンゴは、有性生殖おこなっていることが確認されている。

館山湾は造礁サンゴが分布する緯度的に北限の海域である（中井　一九九〇）。黒潮本流に沿って分布域を広げた種を見ると、緯度的には神奈川県真鶴半島（35°08'N, 139°10'E）のカメノコキクメイシとベルベットサンゴが北限である。しかし、黒潮流程沿いに見ると、千葉県館山湾富浦町の大房山甲南岸（35°02'N, 139°49'E）のハナガササンゴ類とミドリイシ類、館山湾岸沖ノ島（34°59'N, 139°50'E）のミドリイシ類が最も先端に位置している。房総半島はサンゴ礁海域ではないものの、サンゴ礁に生息する多様な海洋生物が回遊、生息分布して、環境が多様化し、生物の多様性が維持される場所である。水温の低いサンゴ群集の分布北限では、造礁生物の造礁力が低いために、波の弱い小湾に分布している。それは化石サンゴ群集の調査からもわかる（千葉県地学研究会　一九六三、江口　一九九三）。

一九九七年から九八年にかけて、共生する渦鞭毛藻類（褐虫藻）*Zooxanthella* がサンゴから離脱する造礁サンゴの白化現象が世界規模で発生した。これは、地球温暖化による海水温の上昇が生態系規模で影響を与えた初めての例と考えられ（Walther ほか 2002）、サンゴの動態変化が、海水温上昇という環境変動を直接反映したものといえる。

北限のサンゴ群集の生態学的な継続観察は、当海域の温暖化の情報を得るばかりでなく、館山湾を含む南房総海域の浅海生態系の変化を予測することを可能にする。実際、館山湾において共生藻が離れて白化したという報告は、これまではない（三瓶　二〇〇八）。人為的にサンゴが付着する基質の岩を転倒させたり、緑藻イワズタ属へライイワズタがサンゴの個体を被うように生育分布し、部分的な白化が起こったという観察結果はある。今後、白化と温暖化に注目しつつ、北限に生息するサンゴの種に依存して形成される異なるサンゴ群集の維持戦略に応じた生育環境の保全が必要である。また、サンゴ―共生藻の共生関係や藻食者や多様な生物群集まで含めた系としての保全が必要になる（茅根　二〇〇五）。陸域環境の影響や外洋環境の影響など各種の環境負荷が、藻場やサンゴ群集に時空間的にどのように作用するのかという研究が、海水温の変化に着目したうえで求められる。また、海水温の上昇にともなう海洋の酸性化が、サンゴやナンノプランクトンなどの石灰化に影響することが懸念される（Hoeg-Guldberg ほか 2007, Pennisi；2007）。特に藻類が優占するサンゴ生態系への移行とサンゴの病気の発生などである。二〇〇八年は、国際サンゴ礁年である。

地球レベルの温暖化という時間軸に沿った右肩上がりの気候変動と海水温の上昇を考えるとき、地域的な特性を考慮した地道な海域環境のモニタリングが必要である。海藻・海草と造礁サンゴは、海水温の変動によって分布域を規定される固着性生物群集であり、房総半島周辺海域の海洋環境の長期変動をモニタリングするために有効な環境指標生物である。

移動性海洋生物である魚類相に注目すると、一九九五年六月〜一九九六年一〇月に千葉大学理学部海洋生態系研究センター小湊実験場前の水深〇〜十二メートルでおこなわれた魚類相の調査において、主として亜熱帯サンゴ礁海域に分布の中心があり、無効分散か生活史の一部を調査海域で一時的に過ごすと考えられる種群、ヒメジ科（幼魚四種、未成魚一種、成魚一種）、チョウチョウウオ科（幼魚四種、成魚一種）、スズメダイ科（幼魚八種、成魚二種）、ニザダイ科（幼魚四種）、フエダイ科（幼魚二種、ユゴイ科（幼魚一種）、トビウオ科（幼魚一種）などが確認されている（多留・風呂田・須之部　一九九六）。また千倉町沿岸と館山湾岸においても目標の魚類が報告されている（海老名ほか　一九三〇、田中　一九三一、中村秀也　一九三三a〜一九三六c、井田　一九七一、林ほか　一九七四、Mrya1994a、1994b、望月ほか　一九九九）。これらは海水温の上昇により定住種群となる可能性がある。また、貝類相についての報告はあるが（渡辺ほか　一九九九、清水　二〇〇一）、海水温の上昇と分布域の変動についての調査研究はこれからである。

大気の温度上昇が進行し、海洋における海流の変化や海水温の上昇が、ＩＰＣＣ（気候変動に関する政府間パネル）第四次報告二〇〇七の予測（二十一世紀までに一・一〜六・四℃の気温上昇）の範囲で推移した場合、海洋生物の①分布域の変化、②生活史の変化（個体の生長、成熟、胞子形成様式と時期、産卵様式と時期の変化など）、③種間関係の変化、④浅海生態系の構造と機能の変化が起こり、⑤水産資源の対象種の変化、⑥水産資源の持続的利用法と資源管理の変更などが想定される（Hashioka ほか 1997）。

グスコーブドリ（イーハートーブの木こりの子）

「地球温暖化」、「温室効果Green house effect」、「二酸化炭素の排出規制」、「京都議定書（一九七七）」、「低炭素社会」への転換などの問題を身近なこととして考えるとき、主人公が家族とみんなの生きる環境を護るために、命を犠牲にして火山の噴出と二酸化炭素の放出を誘導し、温室効果によって温暖化をやってのけ、作物を守り人々を救った童話、「グスコーブドリの伝記」（宮沢賢治　一九三二）を思い起こすのは私一人ではないだろう。地球型生物である私たち一人一人が行動するときがきている。

今、ジェームス・ハンセンHansen, J（一九八八）とニコラス・スターン（2006）らの地球温暖化を地球科学と経済学の立場で警告した論文と、「気候変動に関する政府間パネル（ＩＰＣＣ）」（AR4）第四次報告書（二〇〇七）は必読の文献である。また、アル・ゴアの「不都合な真実（二〇〇七）」も一読したい。

ジェームズ・ラブロック Love lock, J. E. のガイア仮説（一九七九）に改めて注目し、地球を一つの生命圏と考えたい。

房総半島周辺海域の海水温の観測データを提供し、海洋学と海洋生物学の見知から海水温の変動について御議論いただいた清水利厚氏（千葉県水産総合研究センター）及び岡本隆氏（千葉県館山水産事務所）にお礼申し上げます。

※資料：各観測点は次の通り（観測点の緯度、経度は世界測地系で表示）。

外房南部海域6観測定点

（34°52.0′N　139°56.0′E；34°41.0′N　140°12.0′E；34°56.0′N　140°57・5′E；35°09.0′N　140°40.0′E；34°53.0′N　140°25.0′E；35°03.0′N　140°09.0′E）

銚子・九十九里海域7観測定点

（35°23.5′N　140°52.0′E；35°17.5′N　141°01.5′E；35°23.5′N　141°20.0′E；35°30.0′N　141°11.0′E；35°38.0′N　140°58.5′E；35°30.0′N　140°42.0′E；35°15.0′N　140°29.0′E）

引用文献

アルバート・アーノルド・ゴア・ジュニア（枝廣淳子訳）二〇〇七　不都合な真実　三二五頁　ランダムハス講談社（Gore, A.A., Jr. 2006. An Inconvenient Truth: The planetary emergency of global warming and what we can do about it）.

千葉県水産研究センター編　二〇〇一　沿岸水温の長期変動について　魚海況旬報ちば　No. 13–18　千葉県水産研究センター・千葉県水産情報通信センター

千葉県地学教育研究会　一九六三　千葉県地学図集第4集 サンゴ編　一一九頁　千葉県地学教育研究会

江口元起・森隆二　一九七三　千葉県館山市およびその付近の化石珊瑚と千葉県沖現生珊瑚動物群について　東京家政大学研究紀要13：四一−五七頁
海老名兼一・阪本喜代松　一九三〇　館山湾におけるタイドプール・フィッシュに就いて　水産研究誌25（一一）：二九五−二九六頁
遠藤吉三郎　一九〇二　海藻磯焼調査報告 農商務省水産局　水産調査報告書12：一−三三頁
遠藤吉三郎　一九一一　海産植物学　七四八頁　博文館
富士昭　一九九九　磯焼け研究の現状　磯焼けの機構と藻場修復　谷口和也（編）九−二四頁　恒星社厚生閣
Hansen, J., I. Fung, A. Lacis, D. Rind, S. Lebedeff, R. Ruedy and G. Russell. 1988 Global climate changes as forecast by Godard Institute for Space Studies three-dimensional model. J. Grophys. Res.: 9341-9364.
Hashioka, T. and Y. Yamanaka. 1997 Ecosystem change in the western North Pacific associated with global warming using 3D-NEMURO, Ecol. Model. doi: 10.1016/j.ecolmodel. 2005. 12. 002.
林公義・伊藤孝一九七四　館山湾南部（沖ノ島、鷹ノ島、西岬、洲崎）にみられる魚類について　横須賀市博物館雑報（一九）：一八−
東道太郎　一九二九　江ノ島館山及その付近産海藻目録　水産研究誌24（二）：一−四頁、24（三）：五−七頁、24（五）：九−一〇頁
Hoegh-Guldberg, O., Mumby, P.J., Hooten, A.J., Steneck, R.S.,Greenfield, P., Gomez, E., Harvell, C.D., Sale, P.F., Edwards, A.J., Caldeira, K., Knowlton, N., Eakin, C.M., Iglesias, R., Muthinga, N., Bradbury, R.H., Dubi, A. and Hatziolos, M.E. (2007) Coral reefs under rapid climate change and ocean acidification. Science 318: 1737-1742.
池原宏二　一九八六　魚の産卵基盤としての流れ藻（サンマ、サヨリ、トビウオ類）　月刊海洋18：六九九−七〇五頁
井田斉　一九七一　南房総沿岸の魚類　千葉県海中公園報告書　32−64頁　千葉県都市計画課
気候変動に関する政府間パネル（IPCC）　二〇〇七　IPCC第4次評価報告書・第1作業部会報告書概要（公式版）

環境省
茅根創　二〇〇五　地球環境変動とサンゴ礁劣化　月刊海洋37：一六二－一六八頁
環境庁自然保護局（編）　一九九四　第4回自然環境保全基礎調査・海域生物環境調査報告書（干潟、藻場、サンゴ礁調査）・第3巻　サンゴ礁（財）海中公園センター
桑原久美・明田定満・小林聡・竹下彰・山下洋・城戸勝利　二〇〇六　温暖化による我が国水圏生物の分布域の変化予報　地球環境11：四九－五七頁
小松輝久・三上温子・松永大輔・佐川龍之・田上英明・Boisnier, E.・鈴江真由子・日下宗・石田健一・道田豊　二〇〇七　温暖化が及ぼす藻場と流れ藻への影響　月刊海洋39（五）：三三六－三四二頁
Lovelock, J.E. 1979. Gaia: a new look at life on Earth. 185 pp. Oxford Univ. Press, Oxford.
Levitus, S., J. Antonov and T. Boyer. 2005. Warming of the world ocean, 1955-2003. Geophys. Res. Lett., 32, L02604, doi: 10.1029 / 2004 GL021592.
望月賢二・大谷修司・宮正樹　一九九九　南房総の海産魚類　千葉県生物学会（編）千葉県動物誌　八三四－八五五頁　文一総合出版
Miya, M., Higashitarumizu, E., Gonoi, T., Sunobe, T. and Mochizuki, K. 1994a. Fishes of the Boso Peninsula, central Japan I -- coastal fishes taken by set net off Ainohama, Tateyama. J. Nat. Hist. Mus. Inst., Chiba, 3（1）: 109-118.
Miya, M., Higashitarumizu, E., Gonoi, T., Sunobe, T. and Mochizuki, K. 1994b. Fishes of the Boso Peninsula, centyral Japan II-- coastal fishes taken by set net off. J. Nat. Hist.Mus. Inst., Chiba, 3（1）: 119-128.
Miyata, M. 1995. Algal flora of Okinoshima-island in Boso Peninsula, Japan. J. Nat. Hist. Mus., Inst. Special Issue 2: 113-124.
Miyata,M., Tomizuka, T., Suzuki, A., Hatanaka, T. and Utsumi, S. 1999. Marine algae and plants of Tateyama Bay in Boso Peninisula, Japan. Bull. Fac. Educ., Chiba Univ. 47（III: Natural Sciences）: 41-53
Miyata, M. and Yotsukura, N. 2005. A preliminary report of gene analysis of ***Agarum oharaense*** Yamada

(Laminariaceae, Phaeophyta), with special reference to the. Nat. His. Res., Special Issue 8: 83-87.

宮田昌彦　一九九九　潮だまりの海藻に聞く海の自然史　一四二頁　岩波書店

宮田昌彦・菊地則雄・千原光雄　二〇〇二　千葉県産大型海産藻類目録　千葉中央博自然誌研究報告・特別号５：九–五七頁

宮沢賢治　一九三二　グスコーブドリの伝記　児童文学　第２号

中井達郎　一九九〇　北限地域のサンゴ礁――サンゴ礁とは　In　サンゴ礁地域研究グループ（編）熱い自然――サンゴ礁の環境誌　五七–六五頁　古今書

中原紘之・増田道夫　一九七一　緑藻と褐藻の生活史と水平分布　海洋科学３：二四–二六頁

中村秀也　1933a, 1933b, 1934a, 1934b, 1934c, 1934d, 1935a, 1935b, 1935c, 1935d, 1935e, 1936a, 1936b, 1936c. 小湊附近に現れる磯魚の幼期（其１～15）. 養殖会誌３：145–148, 169–172, 4: 45–49, 103–108, 169–172, 215–218, 5: 35–44, 84–89, 127–132, 153–164, 191–195, 6: 9–13, 133–139, 7: 135–144.

西平守孝・Veron, J. E. N.　一九九五　日本の造礁サンゴ類　四三九頁　海游舎

新田忠雄・板沢靖男（編）　一九八〇　水産生物適水温図　四二–四七頁 日本水産資源保護協会

Ohba, H., Konno, T., Ioriya, T. Notoya, M. and Miura, A. 1988. Marine algae from Banda, Tateyama, Chiba Prefecture. J. Tokyo Univ. Fish. 75: 405–413.

大場達之・宮田昌彦　二〇〇七　日本海草図譜　一一四頁　北海道大学出版会

岡本隆・清水利厚　二〇〇二　房総海域における水温の長期的傾向並びに水温変動と黒潮〔短報〕　千葉水研研報１：二五–二六頁

Pennisi, E. 2007. Reefs in trouble: Spawning for a better life. Science 318: 1712–1717.

Sakamoto, T.T., H. Hasumi, M. Ishi, S. Emori, T. Suzuki, T. Nishimura. and A. Sumi. (2005) Responses of the Kuroshio and the Kuroshio Extension to global warming in a high-resolution climate model, Geophysical Research Letters 32 doi :10.1029/2005GL023384.

三瓶雅延　二〇〇八　館山湾・沖ノ島に生息する造礁サンゴの白化現象について（聞き取り調査）

清水利厚　二〇〇一　千葉県の軟体動物相。千葉水試研報57：一－一五九頁
Stern N. 2006. Stern Review:The economics of climate change. HM Treasury, London.
田中茂穂　一九三一　魚類研究資料（七）　動物学雑誌43：四〇〇－四一一頁
多留聖典・風呂田利夫・須之部友基　一九九六　小湊実験場付近の岩礁における魚類相　千大海洋センター年報16：一五－二一頁
富塚朋子　二〇〇五　環境変動推定のための博物館資料研究　一二三頁＋八七頁　修士学位論文
津田藤典・吾妻行雄・谷口和也　二〇〇六　北海道日本海沿岸における磯焼けの歴史と現状　月刊海洋38（三）：二一〇－二一五頁
内田紘臣　千葉県史料研究財団編　二〇〇三　千葉県の自然誌資料・千葉県産動物総目録　一四－一九頁　千葉県史料研究財団
Veron, J. E, N. 1992. Hermatypic corals of Japan. Aust. Inst. Mar. Sci. Monogr. Ser., 9: 1–234.
Veron, J. E, N. 1993. A biogeographic database of hermatypic corals. speies of the Central Indo-Pacific, genera of the world. Aust. Inst. Mar. Sci. Monogr. Ser.,10: 1–433.
渡辺富夫・伊豆守彦　一九九九　千葉県外房海域の海産貝類　千葉県動物学会（編）　千葉県動物誌　七四－一三八頁　文一総合出版
Walther, G. R. et al. 2002. Ecological resposes to recent climate change. Nature 416: 389-395.

地球温暖化と淡水魚の盛衰

田中哲夫

「過去半世紀の気温上昇の大半が人為的温室効果ガスの増加に起因する可能性が非常に高い」と、IPCCは二〇〇七年二月の第四次報告書で断定したが、気温上昇幅は一九〇六年から二〇〇五年までの一世紀間に〇・七四℃、二十一世紀末までにさらに、一・八〜四・〇℃上昇すると推定されている。この結果、大気圏と水圏の熱交換の挙動、すなわち、大気と水塊の分布状況や流れ方（気象・海況）が大きな影響を受けることは想像に難くない。ここでは、現在の日本の淡水魚類相がそのまま存続すると仮定して、気温上昇による影響を概観してみたい。

一〜四℃上昇でのイワナの分布縮小

「河川の魚類群集」（田中　一九九八）によれば、淡水魚はコイ科に代表される、生活環のすべてを淡

目(10)	科(17)	属(69)	種数(130)	生活環
ヤツメウナギ	ヤツメウナギ	1	3	回遊
ウナギ	ウナギ	2	2	回遊
サケ	キュウリウオ	4	6	回遊
	シラウオ	2	3	回遊
	サケ	3	7	回遊
コイ	コイ	19	44	純淡
	ドジョウ	6	10	純淡
ナマズ	ギギ	2	4	純淡
	ナマズ	1	3	純淡
タツ	メダカ	1	1	純淡
トゲウオ	トゲウオ	2	3	回遊
スズキ	アカメ	1	1	周縁
	スズキ	1	1	周縁
	ハゼ	20	32	回遊
カサゴ	コチ	1	2	周縁
	カジカ	2	7	回遊
タウナギ	タウナギ	1	1	純淡

表7・1
日本産淡水魚の目・科・属別種数（田中　1998より転載）
移入種および種子島以南にのみ分布する通し回遊魚・周縁性淡水魚を除いた。

水で過ごす「純淡水魚」、アユ、ウナギ、ハゼなど淡水と海水の双方にまたがって生活環を完結する「通し回遊魚」、そして、スズキやクロダイなどのように不定期に、しかも一時的に淡水や汽水に侵入する「周縁性淡水魚」に大別される（後藤　一九八七）。種類数が最も多いコイ科の魚は一部の例外（ウグイ属）を除き、海洋を伝ってその分布を広げることができない。このグループは日本列島が大陸から離れる時、あるいは氷期の海水面低下時に、下流部に広がる淡水系を伝って、大陸から朝鮮半島を経由、日本列島に進出してきた種をその祖先とする。

次に種数の多いハゼ科は、浮遊生活をする稚魚（川那部、水野　一九九三）の分散期に、黒潮から派生する沿岸流に乗って日本列島に侵入、さらに北へ、分布を広げつつあるグループ。イワナやヤマメなどのサケ科魚類は、水温などの条件に応じて、河川上流部でその生活環を完結するように進化したがもともとは北太

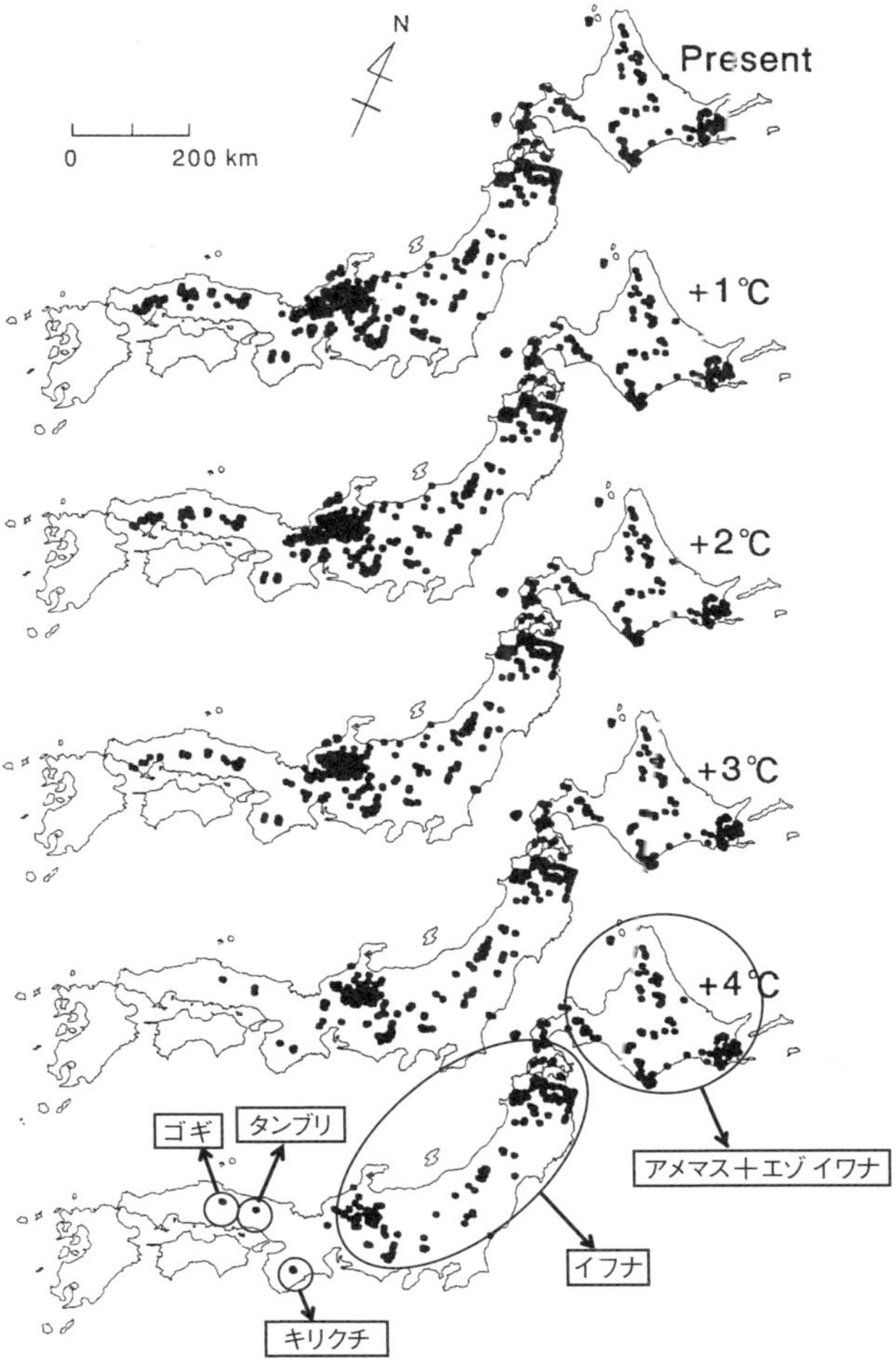

図7・1
年平均気温の1–4℃上昇を仮定した場合の日本列島のアメマス（イワナの地方変異）の分布地点の消失に関する予測。●は、温度上昇後も地下水温が16℃未満である地点を表す（Nakano et. al. 1996を改変）。

平洋やその沿岸域などに、その分布中心を持つ。これらサケ科魚類は海水温の低下時に、北方の海域から分布を南に広げる（**表7・1**）。

このように、日本列島の淡水魚は主に、温暖期に黒潮に乗って分布を南から北に広げようとするハゼ科の魚、寒冷期に親潮に乗って北から南に分布を広げようとするサケ科の魚、日本の淡水域に隔離されているコイ科の魚という三つの要素で構成される。

地球温暖化によって最も強い負の影響を受けるのは、三つの淡水魚要素のうち、北方起源のイワナやヤマメなどのサケ科魚類で、中でも、イワナは本州では淡水魚で最も標高の高い渓流に生息しているから、その影響は大きい。Nakano et al.（一九九六）は、現在のイワナ（アメマス陸封型）の分布域の南限、あるいは標高下限地点での地下水温が一六℃であることをつきとめ、さらに地下水温とその地点の年平均気温との相関を求め、年平均気温が一℃から四℃上昇した際、イワナの分布域がどのように縮小するのかを推定した（**図7・1**）。年平均気温が四℃上昇すると、島根県のゴギ（イワナの地方変異群の名称）、鳥取県、兵庫県のタンブリ（同）や奈良県のキリクチ（同）は孤立度を極限にまで高める。

これらイワナの生息地は、中村（一九九八）が指摘するように、無数の砂防堰堤でさらに小区間に分断されていて、たとえ、水温が低い上流部であっても、出水などのアクシデントに伴って、再遡上が困難な砂防堰堤上部の個体群から下流に向けて、順次、絶滅しつつあるのが現状だ。水温の上昇で下流側からも生息条件を脅かされれば、その流域から消え去るのにそれほど時間がかかるとは思えない。イワナの下流部に分布するヤマメやアマゴも、現在より上流部に追い上げられ、その降海型のサクラマスやサツキマスとの交流を断ち、本州に分布するイワナのように、完全に陸封されてしまうことも考えられる。ただ、このことは、サケ科魚類が日本列島で絶滅するということではなく、分布域南限近くの分断化された個体群が絶滅しても、より北方の分布域で降海型が海を伝って、より北方に分布域をシフトさせるに過ぎない。

温暖化の影響を一段と強く受ける魚は、上下流に向けて温度勾配を伴った河川に住む魚でなく、湧水池に局在している種だ。これまでに絶滅させてしまった日本の淡水魚は、種レベルとしては京都府と兵庫県の湧水池に二十世紀の中ごろまで棲んでいたミナミトミヨただ一種だが、同様の小さな湧水池で陸封されて、現在、ほそぼそと生活しているハリヨ、トミヨ、イバラトミヨ、ムサシトミヨも、湧水温の上昇でミナミトミヨの後を追うことは確実だ。

ハゼ科やコイ科にはプラスに作用

南方起源のゴクラクハゼ、ボウズハゼなどハゼ科の魚は、現在の分布北限である関東地方（川那部ほか 一九八七）から、一気に北上、北海道沿岸にまで達すると予想される。**表7・1**に示すように、現在の日本列島では、冷水性のサケ科魚類よりもハゼ科魚類の数が多く、淡水魚類相の貧弱な北海道の淡水魚の種数が、今後、温暖化で一気に増加するのは確実。奄美、沖縄、先島列島を北限とする種、および、より南方に分布するハゼ科の魚は温暖化で日本列島全体にわたって勢いを増すと見込まれる。

田中（一九九八）は丹羽（一九五四、一九六七）の調査資料をもとに、中部日本の河川魚類群集の原風景としての木曽川の淡水魚に関して、次のように概説している。「標高五百メートル以上の木曽川の魚類群集は、たかだか十種で構成されるきわめて単純な群集であり、木曽川に分布する全淡水魚六十四種のうちの八割以上が、標高二百～三百メートルにある恵那峡を通過し分布域をより上流に広げることができず、恵那峡から濃尾平野にかけての扇状地から輪中で知られる低湿地、さらに河口付近の汽水域に分布している」。日本の淡水魚を構成する最も大きな要素であるコイ科魚類の主な生息地は、沖積平野に散在する水路や水溜まり、そして、河口付近の低湿地。これらフナやコイなどコイ科魚類の生息可能な温度幅は極めて広く、一時的に三〇℃あるいは、それ以上に達しても高水温で死亡することはないと考えられるが、その影響の程度は不明である。

コイ科の魚に対する水温上昇の影響は、好適な水温を求めて移動することがある程度可能な河川下流部より、容易に異動することができない小さなため池など閉鎖的な環境で、より厳しくなると推察されるが、二〇〇七年夏の猛暑で、兵庫県の直径約十メートルのため池では表面水温が三五℃にまで上昇したが、絶滅危惧種カワバタモロコ（コイ科）がさほど影響を受けたとは思えない。コイ科の魚は水温上昇につれて、好適な温度条件を求めてある程度上流に移動、または、表流水より温度の低い伏流水・地下水が供給される砂州の末端などに小規模移動することで、短期間の酷暑を乗り切れるのではないか。逆に、大半のコイ科の魚は寒さにめっぽう弱い。カワバタモロコを例に挙げると、水温が一〇℃を下回る十二月から二月の三カ月間は、活性を落としてほとんど成長することなく肥満度も減少する。他のコ

種名	栄養段階	繁殖開始	密度(n/㎡)	平均体重(g)	現存量(g/㎡)
イワナ	二次消費者	3年	0.1	50.0	5
アマゴ	二次消費者	2年	0.1	50.0	5
アユ	一次消費者	1年	0.9	50.0	45
アユ	一次消費者	1年	3.2	50.0	160
アユ	一次消費者	1年	5.4	50.0	270
カワバタモロコ	一次?	1年	1.4	1.2	2
カワバタモロコ	一次?	1年	10.2	1.2	12
カワバタモロコ	一次?	1年	17.6	1.2	21
カワバタモロコ	一次?	1年	24.7	1.2	30
カワバタモロコ	一次?	1年	37.9	1.2	45

表7・2　淡水魚の栄養段階と現存量

イ科も同様に、水温が低い時期は極端に活性を落とし、蓄積した脂肪を徐々に消費しながら（例えば、牧　一九六六）、冬場を乗り切っている。低水温の季節が短縮、あるいは消失することは、コイ科の魚にとって吉か凶かと問われれば、今のところ、吉と考える方が妥当ではないか。

魚の量

山里に行けば、岩魚の骨酒、山女魚や鮎の塩焼き、信州ではウグイの甘露煮、少し川を下れば寒バエ（オイカワ）の素焼き、下流域やため池からは鮒の甘露煮や鯉の洗い、たまには鰻の蒲焼など、日本人は古来より、淡水魚を重要な蛋白源として利用してきた。これらの淡水魚のうち、渓流にいるイワナ、アマゴの量は、およそ十平方メートルに一匹程度で、密度は〇・一個体／平方メートル（三浦と原田私信）。アユは〇・九個体から多い時には五・四個体／平方メートルに達する（川那部　一九九二）。カワバタモロコは一・四個体から最大三十七・九個体／平方メートル（田中未発表）ほど棲んでいる。イワナ、アマゴ、アユの平均体重を五十グラム、カワバタモロコを一・二グラムとすると、淡水域単位面積当たりの現存量がおよそ推定できる。イワナ、アマゴなどサケ科の魚の現存量は約五グラム／平方メートルと一ケタ、コイ科のカワバタモロコは二〜四十五グラム／平方メートルと二ケタ、アユは群を抜いて多く、四十五〜二百七十グラム／平方メートルと三ケタのオーダーとなる（**表7・2**）。

カワバタモロコの栄養段階は不明ながら、恐らく藻類を消化できる一次消費者、アユは河川の付着藻類を食む、これまた一次消費者。一方、イワナ・アマゴなどのサケ科の魚は、カゲロウ、トビケラなどの水生昆虫や渓流の表面に落下してくる甲虫など動物を捕食する二次消費者。

このように温暖化によって強く影響を受けると予測されたサケ科魚類の現存量は圧倒的に小さく、コイ科魚類はその十倍近くあり、また、日本の淡水魚を特徴づけるアユ（秋道　一九九二）の現存量が圧倒的に大きいということは、川那部（一九九二）がすでに指摘しているように、注目すべきことだろう。淡水魚の食糧としての利用価値を考えると、現存量では不足で、魚の生産スピードをもとに考察する必要があるが、現存量でもおよその見当はつけられる。さらに、アユやカワバタモロコが年魚で、イワナやアマゴが二〜三年魚であることを考慮すると、温暖化で大きな打撃を受けると予想されるサケ科魚類の、食糧資源としての価値は極めて低く、アユやコイ科魚類の重要性がより強調されることになる。つまり、日本人を支える国土・淡水域の生産性にとって、温暖化はかならずしもマイナスでないという可能性も高いのである。

参考文献

秋道智彌　一九九二　アユと日本人　丸善ライブラリー　丸善　二二六頁

後藤晃　一九八七　日本の淡水魚　水野信彦・後藤晃（編）　東海大学出版会　二—一五頁

川那部浩哉（監修）　一九八七　フィールド図鑑　淡水魚　東海大学出版会　一八七頁

川那部浩哉・水野信彦編　一九九三　日本の淡水魚　山と渓谷社　七一九頁

川那部浩哉　一九九二　動物の資源量からみた漁労　小山修三編　狩猟と漁労　雄山閣　八〇—一二〇頁

牧岩男　一九六六　びわ湖のホンモロコ個体群変動の解析１：生活環のどの位置が個体群の年変動に関係するか　日本生態学会誌16：一八一—一九〇頁

中村智幸　一九九八　イワナにおける支流の意義　森誠一編「魚から見た水環境」（株）信山社サイテック　一七七—一八七頁

丹羽彌　一九五四　木曾谷の魚　木曾教育会　三〇一頁

丹羽彌　一九六七　木曾川の魚　木曾教育会　二九三頁

田中哲夫　一九九八　河川の魚類群集「水辺環境の保全」　江崎保男・田中哲夫（編）　朝倉書店　一七七—一九五頁

Nakano, S., F. Kitano and K. Maekawa. (1996) Potential fragmentation and loss of thermal habitats for chars in the Japanese Archipelago due to climatic warming. Freshwater Biology, 36: 711-722.

両生類の生息適地に異変

長谷川雅美

両生類は哺乳類と異なり、自律的に一定の体温を保つ生理的仕組みを持っていないため、体温が外部の温度に大きく左右され、変動する。変温動物と呼ばれるゆえんだ。例えば、カエルの体温は地温とほぼ同調して変化するが、〇℃以下にならないかぎり、耐えて冬を越すことができるし、気温が三五℃にも達する真夏の田んぼでも、活発に活動できる。このように、幅広い体温を経験する両生類にとって、地球環境の温暖化はどんな意味を持つのか。

二十世紀後半、他の多くの生物同様、両生類の世界的な減少が顕在化した。そして、二十一世紀に入り、温暖化が両生類の減少に拍車をかけるのではないか、という疑いが深まった。コスタリカの熱帯雨林で起きたヤセヒキガエル類の絶滅に、気候変動と病原体への感染がかかわっていたとの報告が発表され、気候変動と感染症の関連性が注目され始めた。以後、生物多様性の危機に対する温暖化の影響評価にも、新興病原体の感染拡大が関与していないかどうか、という観点が重要視されるようになった。

温度は、生物体内の生命活動を左右する大変重要な環境要因で、病原体に対する生体防御にも、動物の体温が大きな影響を及ぼすことが知られている。風邪をひいたときに熱が出るのも、体内の免疫活動を活性化させる防御反応のひとつだ。従って、温度環境の変化が両生類に及ぼす影響を評価して、適切な対策を講じるためには、生理学的なレベルから生態系のレベルまで総合的な理解を深めなければならない。そうしないと、気候変動が生物や生態系に与える影響の仕組みや本質は明らかにならないうえ、対策を立てることもできない。そこで、両生類の保全生物学という観点から、気候変動が両生類個体群の存続に及ぼす影響を整理したうえで、両生類の体温調節、気候変動が生息地の縮小・拡大に及ぼす影響、両生類を巡る生物間相互作用に及ぼす気候変動の影響について考えてみる。

「生息地の消失」だけで説明がつかない

二〇〇五年九月の両生類保護サミット宣言で、両生類の既知種（五千七百四十三種）のうち、すでに、百二十二種が絶滅、約三分の一にあたる千八百五十六種が絶滅の恐れがある種として判定された。両生類の存続にとって最大の脅威は、生息地の消失で、脅かされている種の九〇％が生息地の消失が減少の原因とされる。また、自然保護区内のように目立った環境破壊が食い止められている地域においてさえ、カエルツボカビ症（真菌性の皮膚病）のような感染症が拡大、個体群の消滅率を極度に上昇させているという。こうした認識に基づき、両生類保護のための行動計画が立案され、その迅速な採用と実施が求められている。両生類の保護には、①減少と絶滅の原因を解明、②両生類の多様性とその変化の継続的な記録、③長期的な保護計画の策定と実施、④当面の緊急課題への対処が必要になる。

両生類個体群の減少と絶滅には、生息地の消失だけでは説明しきれない事例が数多く報告されている。実際に一見、生息地破壊の影響がなく、原生的な自然が保たれている地域でも、両生類個体群の減少と絶滅が起きているため、保護区の設定は種の保護の役立たないという悲観的な見方が出されたこともある。しかし、原因究明の研究が進み、原生的環境における両生類個体群の激減に、病原体の出現と蔓延、気候変動、そして、人為的な化学物質による環境汚染など、多くの人為的要因が複合的・間接的に絡み合っていることが明らかにされてきた。実際、両生類の減少と気候変動の関連性を示唆する研究は増えていて、気候変動が両生類と病原体との接触確率を高め、病気の発生確率を上昇させているという事実の確認に向かいつつある。その過程では、気候変動が生息地の温度環境をどのように改変するか、また、改変された温度環境が両生類と病原体、および両者の相互作用にどんな効果をもたらすか、それぞれ予測する必要がある。

一般に、動物の体温は動物の体に出入りする熱の収支で決まるが、両生類の体温を左右するのは、外部の温度だけでなく、体の内部と外部の境界、つまり、皮膚、周辺での水の出入りとそれに影響を及ぼす空気の水蒸気密度（湿度）が重要な意味を持つ。哺乳類や鳥類のように、食べた食物を材料にして熱を発生させ、体温を高く一定に保つ動物は内温性と呼ばれ、両生類や爬虫類のように、熱生産をほとんど行わず、外部の熱源に頼って生活する動物は外温性と呼ばれている。哺乳類や鳥類は、外気温が低ければ代謝による熱生産を増し、外気温が体温より高くなれば熱生産を控えて、冷却装置を働かせて体温を下げる。ただ、外温性の動物も体温調節をしないわけではなく、日向と日陰を出入りするように、外界との熱交換速度を行動によって制御し、体温を生理的に好適な範囲に調節する。

むしろ、体温を調節しない生物はいないといってよい。生理的、行動的体温調節を行わない限り、生物の体温は外界との物理的熱交換速度に応じて、不可避的に一定の熱平衡状態に収束してしまうからだ。個々の生物が生理的機能を最適化する〝最適体温〟を有する以上、物理的に決まってしまう平衡温度とのギャップを埋める体温調節は、生命として不可欠な活動と言える。熱平衡とは、体が受け取る熱と体から失われる熱が釣り合った状態を指し、この概念はすべての生物に適用される。陸上生活する動物の場合、気温だけでなく、太陽から受ける輻射熱の影響を強く受ける。例えば、トカゲの体温は日陰では気温とほぼ一致するが、日向では太陽の輻射熱を受けて、平衡体温は気温よりもはるかに高くなる。真夏の日中に身動きできない状態にされたトカゲの体温は、数分で五〇℃を超えてしまう（当然、過熱状態で熱死）。一方、熱容量の大きな水に浸されて水中生活をする生物の場合、平衡温度は水温とほぼ等しい。水中では、代謝活動によって熱を生産しないかぎり、水温より高い体温を維持することはできない。従って、生息場所の平均水温と同じ最適体温を持つことが水中生活をする外温性動物（例えば、魚類）にとって、最適な体温調節戦略と言えよう。

水中生活する幼生（オタマジャクシ）や全身を水に浸したカエルやサンショウウオの体温は水温に一致するが、湿った体を空気中に露出させたとたんに事態は一変、太陽から注ぐ輻射熱が体温を上昇させる一方で、湿った皮膚から水分が蒸発して気化熱を奪い体温を下げる。皮膚からの水分蒸発は、空気が乾いていて、気温が高く、風が吹いているほど盛んになり、水分は口からの飲水行動ではなく、腹側の皮膚を通して直接吸収・補給される。このため、直射日光が当たって、気温が高くても、水が十分にある場所ならば、カエルやサンショウウオが過熱死することはめったにない。

北アメリカ南西部の乾燥地帯を流れる渓流に生息するアマガエルの一種は、昼間、灼熱の太陽にさらされる岩の上にいて、決して水に入ろうとしない。彼らの体温は、皮膚からの水分蒸発で昼間も約三〇℃に保たれているが、脱水した体に水分を補給するのは夜になってから。渓流の水温は二〇℃以下なので、冷たくて流れの速い渓流を泳いでカエルを捕食しようとするヘビがいたとしても、冷えた体ではカエルをうまく襲うことはできない。また、乾いた岩場を通ってカエルに近づこうとしても、気化熱で体温を下げることができないヘビには過熱死の危険が伴う。どちらのルートをとるにせよ、外温性のヘビがアマガエルのいるところにたどり着くことはかなり難しい。従って、このような環境選択性は、灼熱の太陽と冷たい渓流を天然の要塞として利用するアマガエルの巧みな生活戦略と言えなくもない。

気候変動とツボカビ増殖の関係

温度の上昇が両生類の生息可能な空間を広げるのか、逆に、狭めるのかという点は、好適体温の違いで異なり、外気温に対して高めの好適体温をもつ種類には、温暖化は生息可能な空間を広げることに役立つが、低めの好適体温をもつ種には、狭めるように作用する。
「両生」という文字は水中と陸上の二つの環境を利用して生きることを意味するが、水中に産卵し、幼生が水中生活して変態した個体が陸上で生活する種類は、どちらか一方の環境が欠けると生活が成り立たない。一方、両生類には直接発生といって、卵の中で幼生時代を過ごし、変態を済ませた状態で孵化してくる種類も存在する。ブラジル東海岸の断片化が進む森林地帯で、水辺と森林の分断化が両生類の絶滅率に及ぼす影響を調べた研究によれば、水辺で繁殖して変態した個体が森林に移動してそこで生活する種類（繁殖期には森林から水辺へ移動する）は、直接発生してほぼ一生を森林内で過ごす種類に比べて、絶滅の危険性がより高かったという。道路建設などによって水辺と森林の移動経路が遮断された環境では、水辺と森林が健全に保たれていたとしても、水中で繁殖し、森林で生活するような種類は生活をまっとうすることができないからだ。

気候変動によって、気温の上昇と乾燥化が同時に進行すれば、両生類は、好適な体温を維持するために必要十分な水が得られる、限られた場所に集中せざるを得なくなる。そうなると、生息地の環境が見た目には破壊されていなくても、生息可能な森林の面積と数が減少し、水辺と陸上の生息場所を離れ離れにしてしまう。これは、森林破壊や湿地の埋め立て、道路建設による生息地の分断等が個別に進み、生息場所が制限されるのと実質的に同じ悪影響を両生類個体群にもたらす。

病原微生物にも、増殖に適した温度がある。ツボカビの場合、発育最適温度は一七–二五℃で、高温に弱く、二八℃で発育が止まり、二九℃で死滅。このことから、高温に弱いツボカビが温暖化によりカエルを絶滅に追いやるほどの感染力を発揮するということは矛盾した現象ではないかという疑問が呈された（この矛盾は、climate-chytrid paradoxと称されている）。

この一見、矛盾した現象を解きほぐしてみると、そこにある規則性と必然性が見出せる。まず、これまでツボカビ感染症で種や地域個体群の消滅や激減が記録されたのは、中央アメリカやオーストラリアの雨林地帯で、比較的標高の高いところに分布する集団だった。中央アメリカで一九八〇年代後半から一九九〇年代前半にかけて、個体数が減少・激減した種類の割合を標高別に整理すると、温度が高く標高の低い地域と、標高三千メートル以上に生息する種では減少率は低く、標高千〜三千メートルに生息する種類で減少率はピークに達していた。コスタリカのモンテベルデ高地における激減は、気候変動がもたらす雲量の増加による昼間の気温低下と、夜間気温の上昇がツボカビの増殖に適した温度環境を拡張させたため、と説明されている。

西ヨーロッパのイベリア半島では、一九九七年からサンバガエル、一九九九年からサンショウウオの減少が確認され、二〇〇四年からはヨーロッパヒキガエルの激減も観察されている。減少が観察されたのは、いずれも標高が千八百〜二千三百メートルの高地に生息する種類・個体群。過去三十年間の気象データを解析したところ、サンバガエルとサンショウウオのツボカビ症は異常気象とも言える温暖化が進んだ年から発症が始まっていて、調査をしたBoschらは中央アメリカで起きたケースと同様、気候変動がツボカビの増殖に適した温度環境を創出して、イベリア半島高地の両生類個体群を激減させたと結論づけている。

オーストラリアや中央アメリカで、カエルツボカビによる突然の大量死が発生したのは、外来のツボカビが新たに侵入した地域で出会った寄主の体で大発生し、寄主を死に至らしめた新興感染症の典型的な発症例とみなされている。一方、ヨーロッパでは、ツボカビ類そのものは古くから生息していたようで、低地に生息するヨーロッパトノサマガエル類の大半は、感染していながら、死に至る発症は見られないという。イベリア半島高地におけるツボカビ症の発生は、感染しても自身は発症せず保菌者としてカエルツボカビのベクターとなってしまうRana属のカエルたちが、温暖化によって高地にまで分布を広げ、そこで感染を一気に広めたのではないか、と疑われている。

ツボカビに感染してもツボカビ症を発症せず、死亡しない種類が存在することは、ツボカビ症が大量死をもたらした中央アメリカ、オーストラリア、西ヨーロッパでも次々と見出されている。そうした種類の存在が両生類全体の消滅を食い止めている半面、保菌者として感染地域を広めることにもひと役買う側面がある。イベリア半島では、そうしたベクターが気候変動によって分布を高地にまで広げ、ツボカビに感受性の高い種類に感染を広めた可能性が指摘されている。好適温度が異なれば、気候変動は種の分布域を広げもするし、狭めもするからだ。さらに言うなら、未知の病原体がどのような温度選好性を持つのか、まったく予測できないため、気候変動が新たな感染症を呼び起こすかどうか、これも、現時点での予測は難しい。しかも、病原微生物にとって、気候変動でもたらされる新たな温度環境への適応が成功すれば、そこで新たな寄主を獲得できるという利点がある。それゆえ、温度環境に対する病原微生物の適応進化にも、監視の目を向けていなければならない。

気候変動によってもたらされる新たな温度環境の創出は、寄主–寄生者、ベクターのすべてにとって、新たな適応進化のフィールドが現れたことを意味する。これに適切に対処し、生物多様性を保全することは、病原微生物における薬剤、抗生物質耐性株の進化を制御することより、はるかに複雑なシステムの制御に挑戦することにほかならない。

ガン類の越冬地の北上と、急増する個体数

呉地正行

地球上に生息している生物は、長い時間をかけて、それぞれが異なった環境への適応を重ね、多様な生物の世界をつくり上げてきたが、鳥類ほど多様な環境にうまく適応してきた生物はいないだろう。鳥類の最大の特徴は、飛翔力を持つということ。その大きな移動力を生かし、数千キロにも及ぶ生活圏を移動しながら、季節により異なった環境を使い分けて生活する「渡り鳥」も少なくない。これらの鳥たちは地球規模での環境変化を最も受けやすい生き物と言えよう。「渡り鳥」を注意深く観察すれば、国内だけでなく、数千キロを隔てた地域の環境とその変化を知ることも可能だ。特に環境変化に敏感な種は、国内、地球規模の環境変化により、生態や動態にその影響が現れることが多い。つまり、これらの鳥類は、地域レベルと地球レベルにおける環境変化を監視する優秀なモニターであることを意味する。

気候変化に敏感なマガン

英国では、Crickら（一九九七）は、六十五種の鳥類の産卵観察記録七万四千二百五十八例を分析、一九九五年の初卵産卵日が七一年に比べ、平均八・八日早くなり、その原因は地球温暖化らしいと報告している。日本へ渡来する鳥類への影響を確認するため、環境変化に敏感で、代表的な冬鳥であるガンの一種、マガン（*Anser albifrons*）を中心に、気候変化が生態や動態にどのような影響を与えているか、検証した。日本へ渡来するマガンは、その大半が宮城県北部の伊豆沼、蕪栗（かぶくり）沼周辺で越冬するが、一九七一／七二年度以降のデータを解析したところ、その越冬パターンと個体数のいずれも温暖化の影響を強く受けている可能性が高まった。

日本雁を保護する会（以下、「保護する会」）では、一九七一年以降、東北大学野鳥の会に協力するなどして、伊豆沼でのガン類の個体数を調査してきた。調査は、毎年、越冬期間にあたる十月から翌三月までの六カ月間、各月一回行う。一九九七年に京都で「気候変動枠組み条約第三回締約国会議（COP3）」が開かれたのを契機に、宮城県北部で越冬しているガン類の動態と行動を温暖化の影響という視点で、データを解析（Takeshita and Kurechi, 2000）、さらにその後の新しい知見を含めて、再度、解析した。結論から言うと、特に、マガンの場合は、予想以上に大きな影響を受けていることが判明した。

ガン類は水鳥の中で、生息地として広大な湿地環境を必要とする鳥だ。かつて、日本全国に分布して

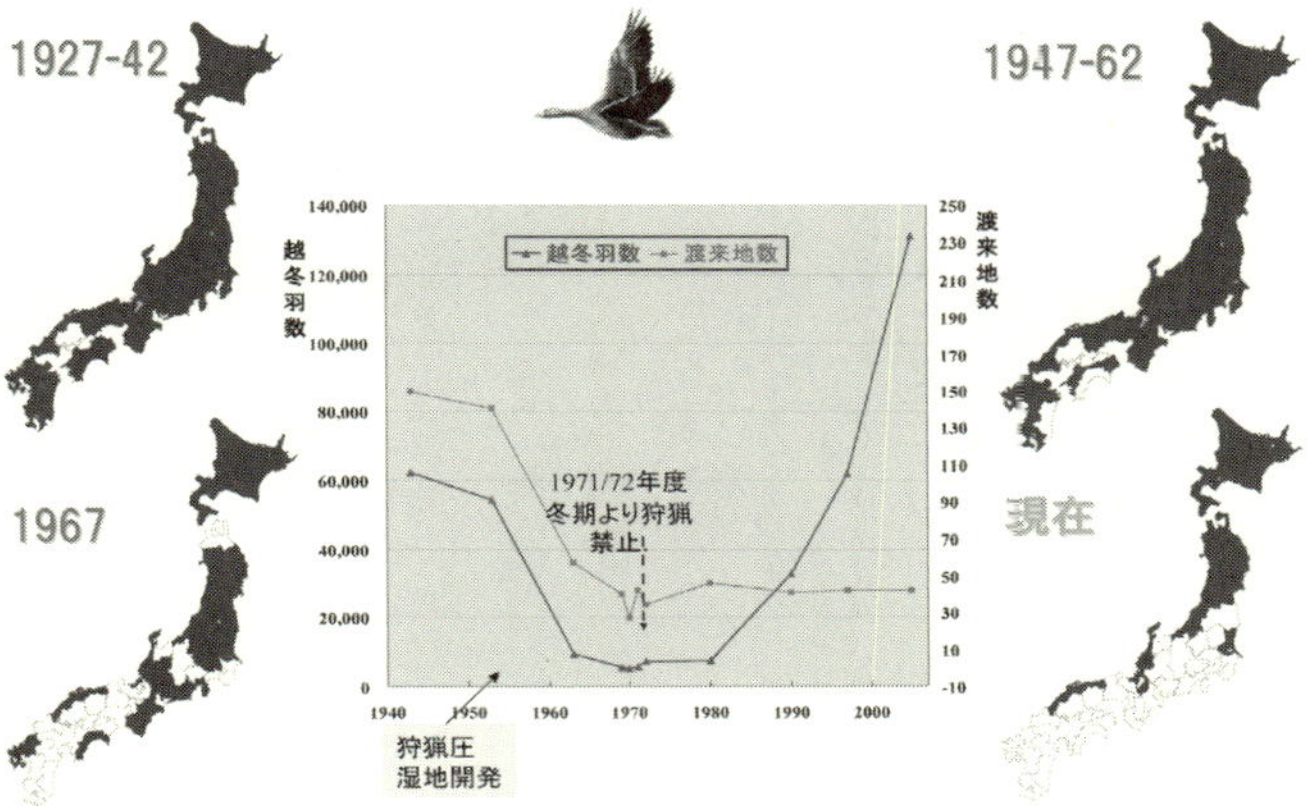

図8・1
日本におけるガン類（マガンとヒシクイ）の越冬羽数と渡来地の変化（保護する会まとめ）

いたガン類は、高度経済成長とともに、生息地となる湖沼の干拓と水田の分断化や消滅などにより、急激に姿を消し、北へ、北へと追いやられた。現在、太平洋側では宮城県がほぼ唯一の越冬地となり、その結果、日本へ渡来するマガンの大半が同県北部の伊豆沼や蕪栗沼などの周辺に集中するようになった（**図8・1**）。

ガン類は生息地の消滅という環境の物理的変化の影響を強く受けて、個体数が激減したため、一九七一年に狩猟が禁止され、天然記念物にも指定されて、法的に保護されるようになった（**同図**）。近年は、温暖化を伴う気候変動の影響が顕著に現れてきた。ここで言う「地球温暖化」とは、その原因が人間の活動に起因する気候変化を指すが、従来の物理的な環境破壊と異なり、その因果関係やその影響を特定、認識することが困難な場合も多いが、環境の変化に敏感なガン類の行動や生態

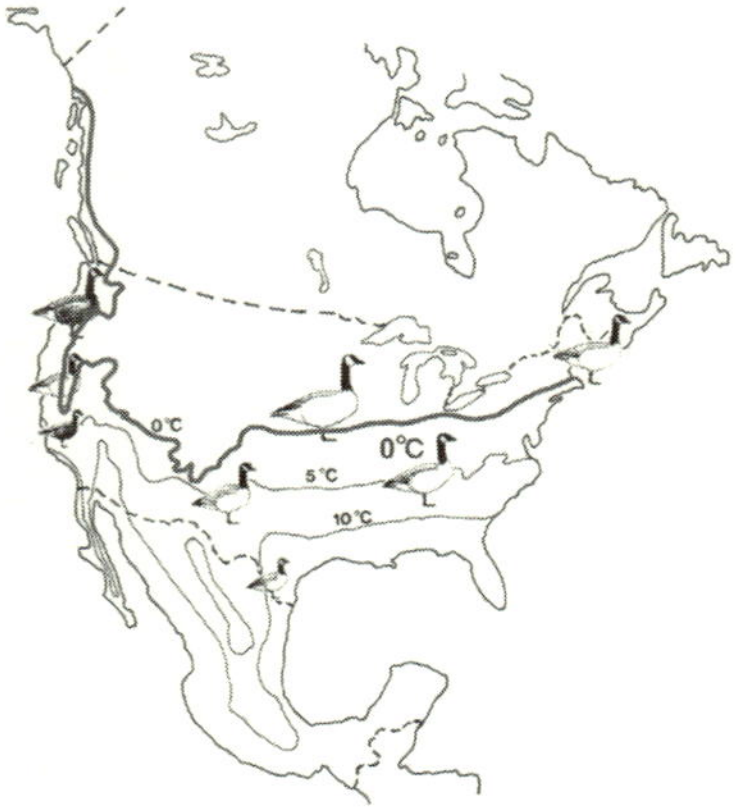

図8・2
厳寒期（1月）の平均気温とカナダガンbranta canadensisの越冬分布（Owen 1980を編集）

の変化を注意深く監視し続ければ、それを通じて温暖化の影響や、その将来予測を、より早く提示することも可能と考える。

変わる「渡り」のパターン

ガン類は、冬になると、北東シベリアやカムチャツカ半島の繁殖地から、日本へ渡ってきて、越冬する。ガン類が毎年、繁殖地から片道数千キロにも及ぶ越冬地への「渡り」を行う最大の理由は、寒さからの逃避と考えられ、積極的な移動ではなく、雪や氷からの最小限の逃避行動と言える。

図8・2は北米大陸におけるカナダガン（*Branta canadensis*）の越冬期の分布と、厳寒期の平均気温を示したものだ。このガンは亜種分化が進んだ種で、最も小型の亜種と大型の亜種では、体重が約四倍異なる（**注**）。ベルグマンの法則にも示されるように、耐寒性に優れる大型の

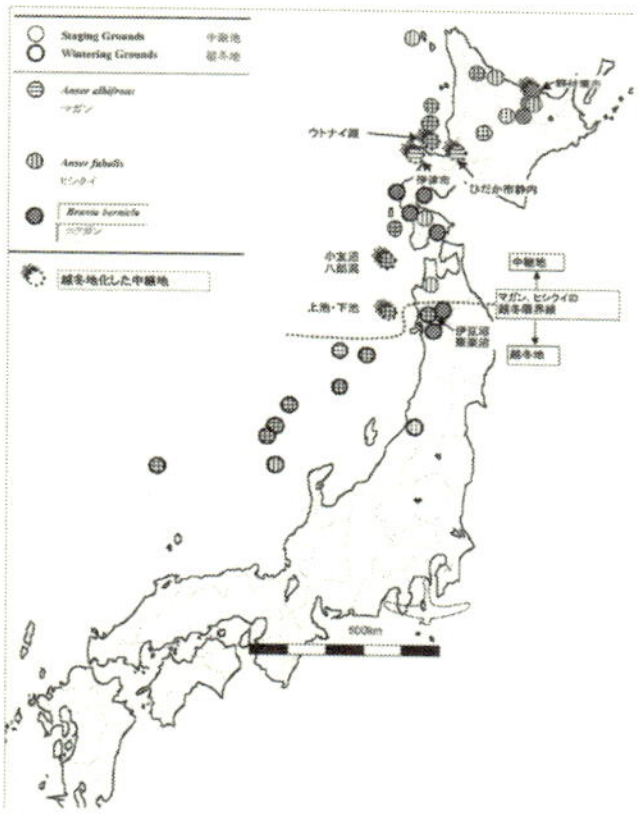

図8・3
主要なガン類渡来地と越冬地化した中継地
（日本雁を保護する会まとめ）

亜種ほど北で越冬し、耐寒性に劣る小型のものほど南で越冬する。ただし、耐寒性がある大型の亜種でも、その越冬限界温度は厳寒期である一月の平均気温が〇℃以上であることが必要となる。平均気温が〇℃を超えるか超えないかは、湖沼が終日結氷するか、しないかという重要な目安になり、湖沼が終日結氷しない環境があれば、水鳥のガン類は越冬することが可能である。また越冬地への渡りの最大の目的は、氷雪からの逃避と考えられるので、平均気温〇℃のラインが北上すると、渡りのパターンも変わり、ガン類の越冬地が北上する可能性も十分ある。

図8・3は、日本国内でのガン類の分布を示したもので、定期的に群れで渡来するのはマガン（*Anser albifrons*）、ヒシクイ（*Anser fabalis*）、コクガン（*Branta bernicla*）の三種。コクガンは、沿岸、河口、潟湖などの、汽水または海水域を好み、マガン、ヒシクイは主に淡水湿地を生息地としている。淡水に比べ、凍結しにくい沿岸域に生息するコクガンの中継地と越冬地を分ける越冬限界線は、淡水域に依存

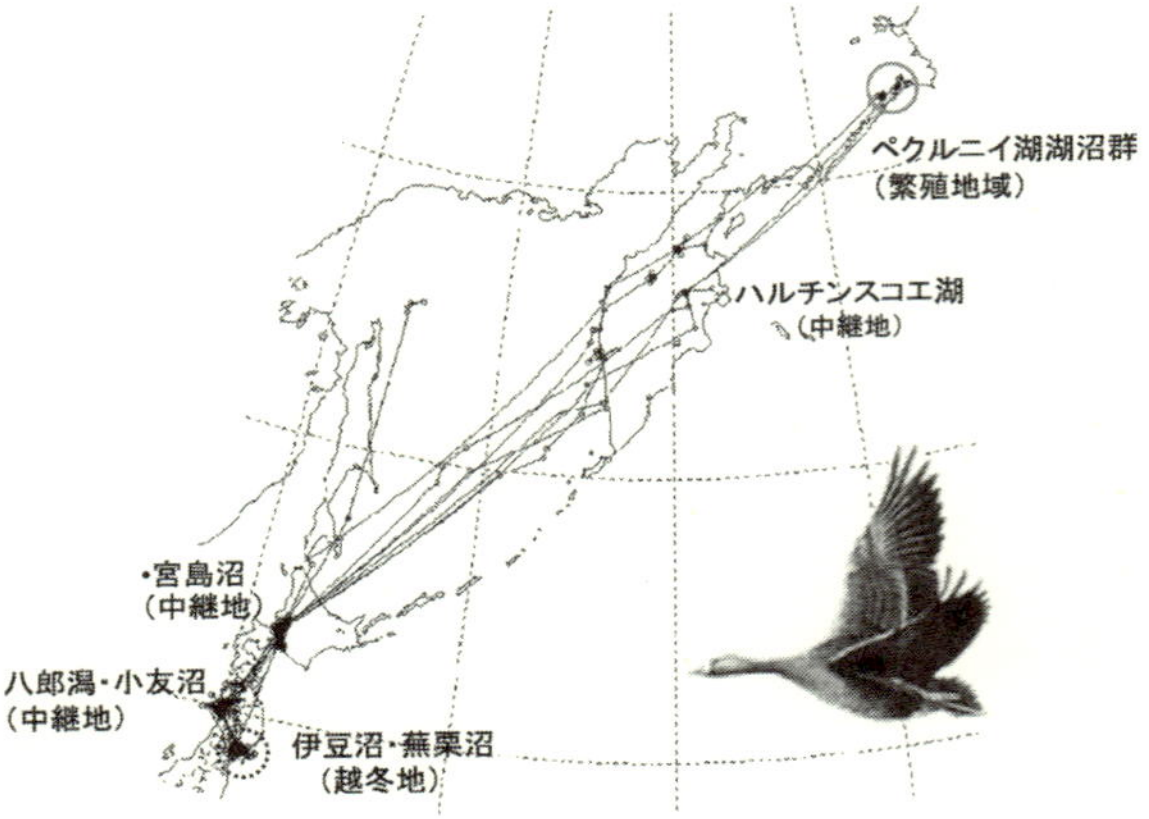

図8・4−1
人工衛星を使ったマガンの渡り経路の追跡（1994.2−7月）（呉地ほか　1995より）

するマガン、ヒシクイより北に位置する。つまり凍結しにくい沿岸域を生息地とするコクガンは、凍結しやすい淡水湿地に依存するマガン、ヒシクイより北方で越冬することが可能ということを示している。

マガンとヒシクイは、コクガンと異なり、結氷しやすい内陸の淡水湖沼で越冬することが多いため、コクガンより南方で越冬する。太平洋側では宮城県がほぼ唯一の越冬地で、マガンは日本への渡来数の八、九割、亜種ヒシクイ（*A.f. serrirostris*）はほぼ全数、千—二千羽の亜種オオヒシクイ（*A.f.middendorffii*）は宮城県北部で越冬する。

図8・4−1は、人工衛星用小型位置送信機で追跡した、伊豆沼で越冬するマガンの渡り経路である。この電波での追跡による一九九四年の調査（呉地ほか　一九九五）と九七年以降の現地でのロシア科学アカデミーなどと「保護する会」との共

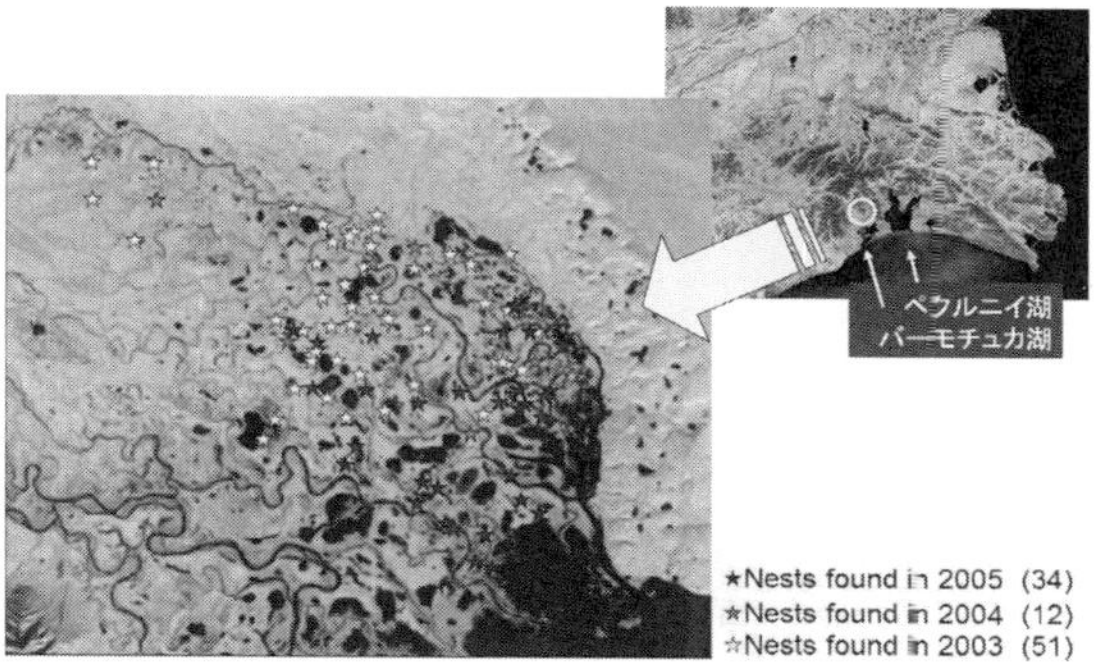

図8・4–2
バーモチュカ湖周辺で発見されたマガンの巣の分布

同総合調査（二〇〇〇年；A. Kondratyevら、二〇〇〇年–二〇〇六年；E. Syroechkovskiら）により、伊豆沼に渡来するマガンの繁殖地点が明らかになった（図8・4–2）。それは、北極圏に近いロシア・チュコト地方南部のコリヤク地区沿岸部にあるペクルニイ湖湖沼群（東経一七七度一〇分、北緯六二度四〇分）で、同湖を含む三つの湖沼（ペクルニイ湖、バーモチュカ湖、ケイピルギン湖）でマガンの繁殖群が観察され、同地で標識された個体が日本国内で多数観察された。

　伊豆沼に渡るマガンが、気候変化の影響を受けるとすると、繁殖地のペクルニイ湖周辺の気候環境とその変化にも注目する必要がある。特に、高緯度地方は地球温暖化の影響を最も受けやすい地域のひとつとされており、マガンがその繁殖地域でも、温暖化の影響を強く受けている可能性は高い。

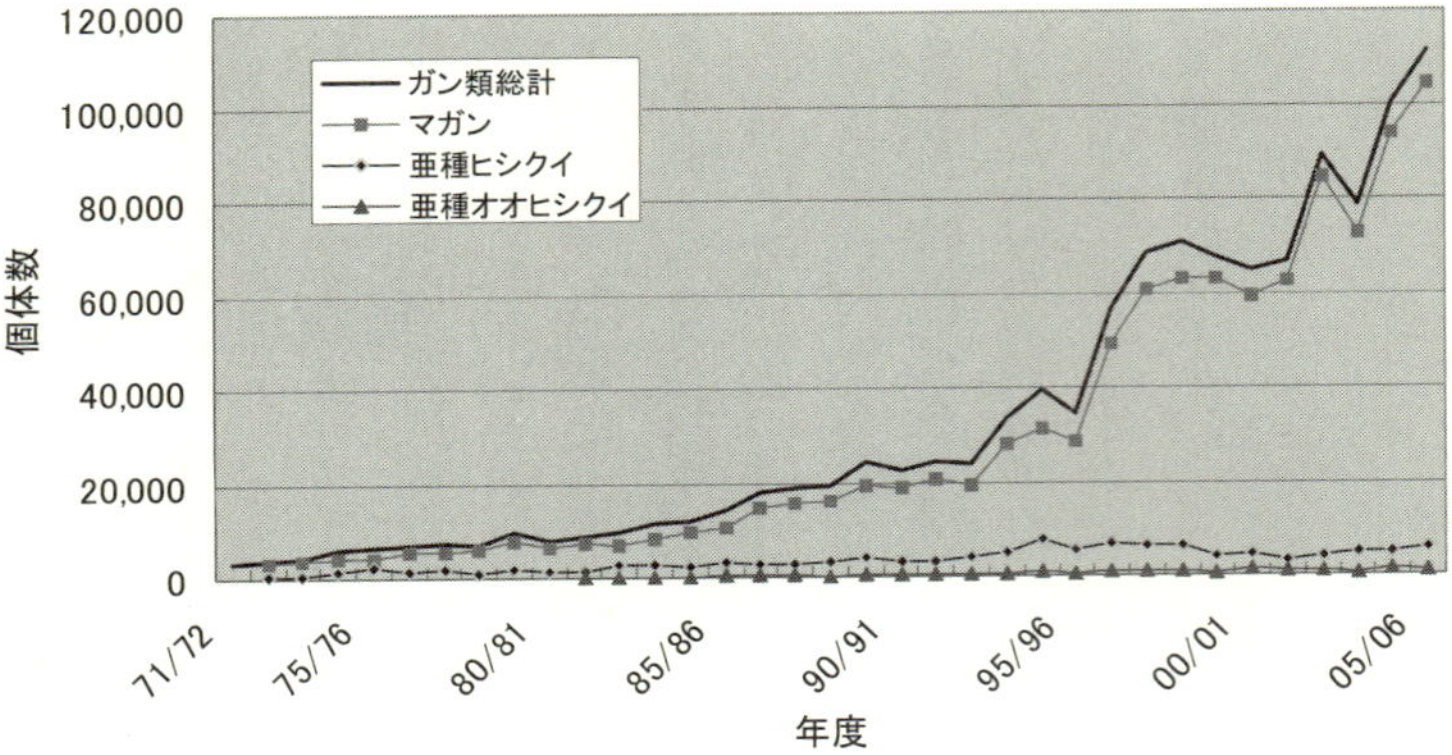

図8・5
伊豆沼や蕪栗沼で越冬するマガン月別個体数変化（1971–2005）
（1971–2001、保護する会、2002–2006マガン合同調査データ）

法的保護で説明つかない個体数増

図8・5は、伊豆沼や蕪栗沼へ渡来するマガンの個体数の、一九七一年以降の変遷をまとめたものだ。七一年はマガンが狩猟鳥から除外され、天然記念物に指定されて、法的に保護されるようになった最初の年。これ以降狩猟などによる個体数の減少には歯止めがかかり、八〇年代になるとその数が漸増。九〇年代には個体数が急激に増加、現在もこの傾向が続く。

一九八〇年代に個体数が漸増した主因は、法的保護の成果と考えられるものの、九〇年代以降の急増は、これだけでは説明がつかず、ほかに何か個体数増加の要因が存在することを暗示する。これまで他の地域に渡っていたマガンの個体群がその越冬地を変え、日本へ渡るようになる「越冬地変え」がその主因ならば、それが行われた特定の年度だけ、個体数が急増する現象が見られるはずだが、実際には、急増傾向はその後も継続されているのだ。このことから、その要因として最も疑わしいのは、伊豆沼などへ渡来するマガンの繁殖地域の温暖化である。

繁殖地域での温暖化は、次のような形でマガンの繁殖成功率を高めると予想される。すなわち、二酸化炭素の濃度が高くなり、高緯度の温暖化が進むと、春先の雪解けが早まる。その結果、地面が早く露出し、地上に営巣するマガンにとって、より多くの個体の繁殖参加が容易となり、その生産性が高まる。また、マガンの主要食物となるツンドラ地帯のスゲ類などの植物の生育期間が長くなり、その植物量が増加、マガンはより多くの食物を得ることが可能になる。

伊豆沼へ渡るマガンの繁殖地の約二百キロ北に位置するアフタットクール川流域では、ロシア科学アカデミーと「保護する会」によりマガンの繁殖生態調査が継続的に行われていた。同地にマガンが戻ってくるのは、通常五月中旬だが、その時期はまだ一面の雪原のため、マガンたちは雪解けが進み、地面が露出し、営巣が可能になるのを待たねばならないため、春先の雪解けの進行状況は、繁殖の成否に多大な影響を与える。特に、雪解けの遅い年は、営巣場所を確保できなかったり、遅くふ化したヒナの生育が遅れ、繁殖に失敗する番い(つがい)が多くなる。その逆に、雪解けが早く進むと、マガンが営巣できる地域が広がり、より多くの番いが繁殖に参加でき、繁殖成功率が高まる(A. V. Kondratyev, 私信)。

気候変動に関する政府間パネル(ＩＰＣＣ)の「ＩＰＣＣ地球温暖化第二次レポート」(一九九六)によると、伊豆沼のマガンの繁殖地を含むベーリング海沿岸地域は、二酸化炭素の等価濃度が現在の二

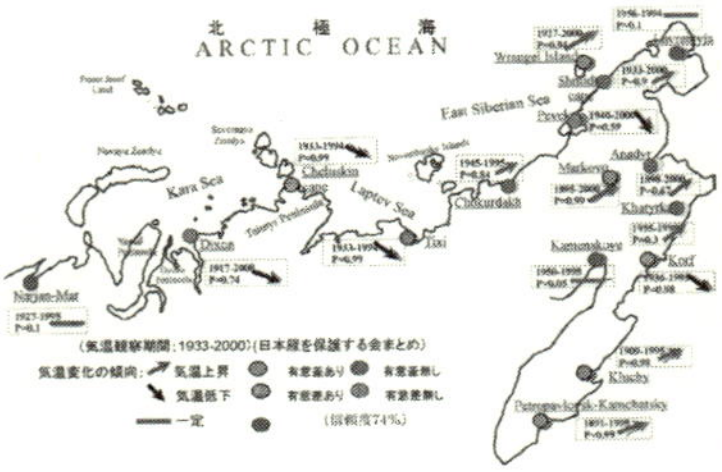

図8・6
北東ロシアの極地気象台での気温変化
（気温観察期間；1933−2000）

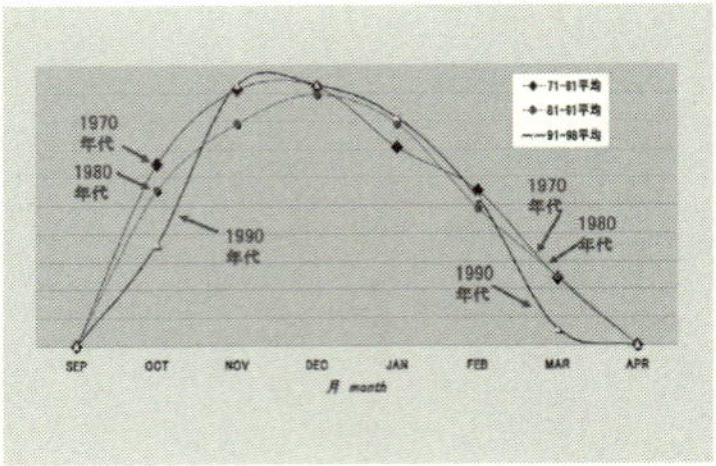

図8・7
伊豆沼・蕪栗沼で越冬するマガンの月別相対個体数の変化（1971−99）
（保護する会まとめ）

倍になると、その生息環境が、現在の「ツンドラ地帯」から「北方林」を経ずに、一気に「温帯林」に変わると予測され、地球上で温暖化の影響を最も強く受ける地域のひとつと考えられている。また、実際に北東ロシアの極地気象台での一九三三年から二〇〇〇年までの気温データを収集したところ、日本へ渡来するマガンの繁殖地を含むベーリング海沿岸域では軒並み気温が上昇していることが確認された（**図8・6**）。これらの予測や実測値からも、伊豆沼のマガンの繁殖地域が温暖化の影響を強く受け、雪解けが早まり、それが、マガンの繁殖成功率を高めて、急激な個体数の増加につながっている可能性が高いことを推測させる。

一方、越冬地での変化を調べるため、伊豆沼などへのマガンの渡来パターンの解析を行った。一九七一～一九九九年のデータを、一九七〇年代、八〇年代、九〇年代と十年間隔に分け、それぞれの越冬パターンを比較、その結果を**図8・7**にまとめた。九～十月の渡来期に注目すると、七〇年代、八〇年代、九〇年代の順に宮城県に渡ってくる時期が相対的に遅くなる。ま

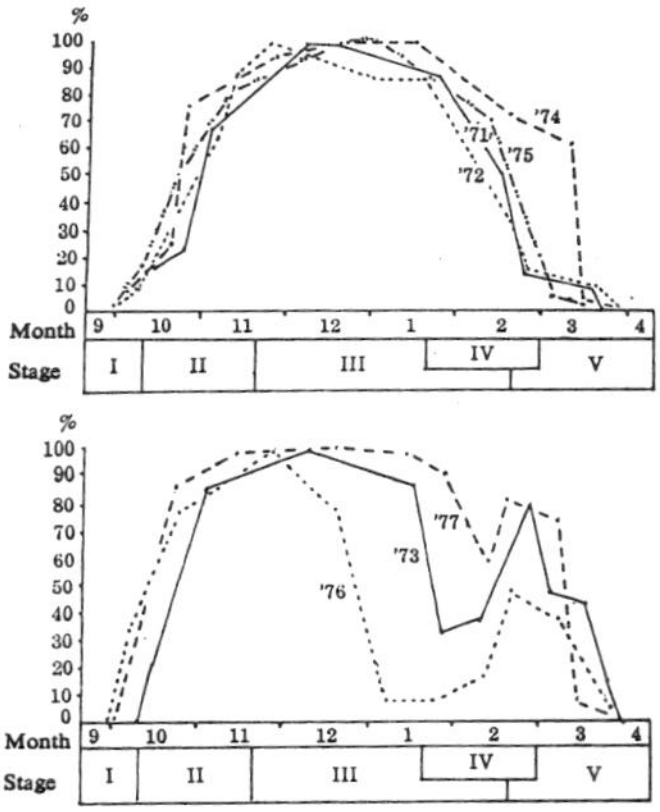

図8・8
伊豆沼でのガン類の月別相対個体数変化
（1971–78）（横田ほか　1979）

た、春先に北へ帰る時期は、次第に早まり、九〇年代になると、「遅く来て、早く帰る」という傾向が顕著になった。厳寒期については、七〇年代には、一月の最も寒い時期に個体数が減る現象がしばしば見られ、七六／七七年度の冬は、その典型的な例である。この冬は十二月から二月にかけて大雪が降り、伊豆沼は長期間全面結氷、四十センチの積雪が三十九日間続いた。このため、ガン類は伊豆沼周辺から姿を消し、関東地方にまで南下した（**図8・8**）。

一九七〇年代には、七三／七四、七六／七七、七七／七八年度に、十二月から一月にかけて三十一～三十九日間積雪が続き、その期間、多くのマガン、ヒシクイが伊豆沼からさらに南下（横田ほか　一九七九、一九八〇）した。しかし、それ以降は、厳寒期に伊豆沼からガン類の大群が南下することは稀になる。マガンについても、最近は例外を除くと、大半の個体が全越冬期間を伊豆沼や蕪栗沼周辺で過ごすが、春の北への渡りは次第に早まる傾向を明瞭に示すようになった。

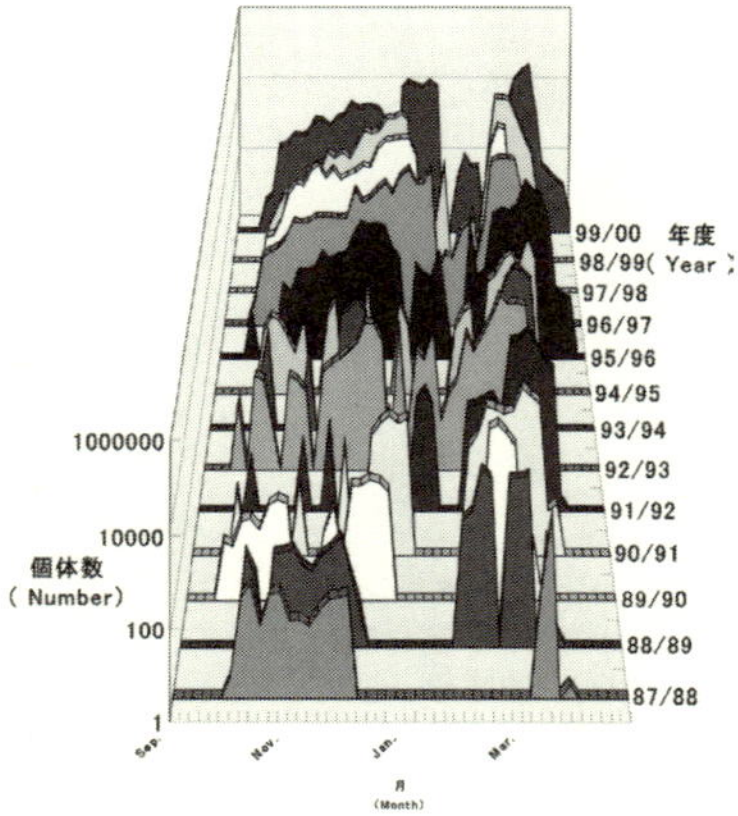

図8・9
小友沼（秋田県・能代市）のガン類の滞在パターンの変化（1987-2000）
（畠山正治未発表）

百七十キロ北上する越冬地

秋田県能代市にある小友沼は八郎潟とともに、伊豆沼周辺で越冬するマガンの一大中継地で、**図8・9**は、小友沼のガン類の滞在パターンの変化について、最近十三年間分のデータをまとめたものである（畠山正治　未発表）。一九八七／八八、八八／八九年度までは、秋に姿を現し、冬になるとさらに南へ渡り、春先に再び姿を現した。つまり、典型的な中継地だったが、その後、ガン類の滞在期間が次第に延長され、九〇年代になると、冬期間を通じて、ガン類の姿が見られることが多くなる。

このパターンは、一九七〇年代の伊豆沼周辺で寒冷な冬に見られた「二山型」滞在パターン（七六／七七年度など）に類似している（**図8・8**）。このことはマガンにとって二十〜三十年前の伊豆沼周辺の気候と、伊豆沼の百七十キロ北に位置する小友沼周辺の現在の気候が、ほぼ同じ

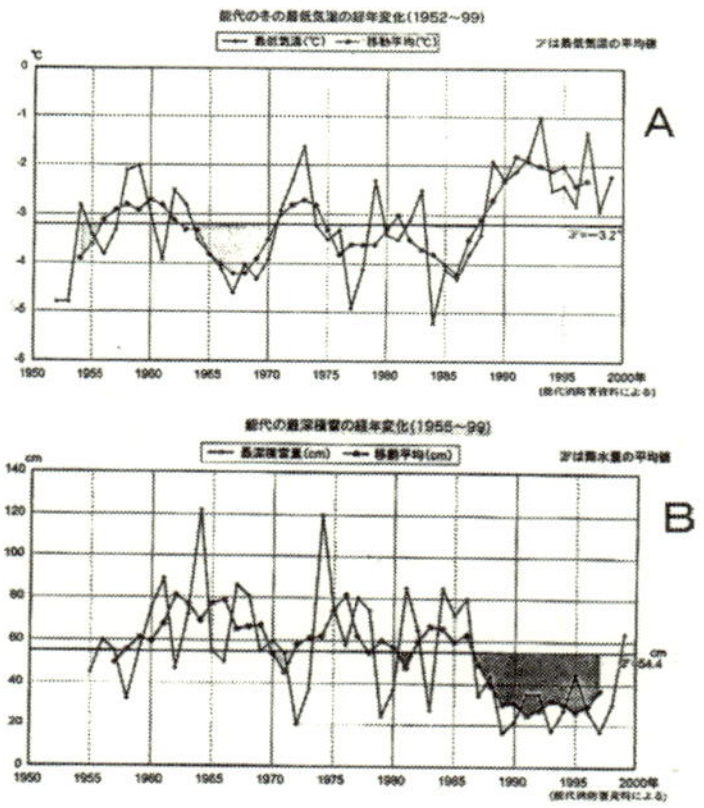

図8・10
小友沼（能代市）最低気温と積雪深の変化（1952–1999）
（能代市史　特別編　自然（2000）より）

になったことを意味する。現在の小友沼は、限りなく越冬地化した中継地と言えるが、換言すれば、マガンの越冬地が二十年間で、百七十キロ北上したことになる。

小友沼における十二月から三月までの月平均最低気温は、次第に高くなる傾向にあり、年によって変動はあるものの、厳寒期でも〇℃以下になることが少なくなり、積雪も減少した（**図8・10**）。これは、マガンのねぐらとなる小友沼が次第に結氷しにくくなったことを意味する。かつては冬の訪れとともに結氷し、積雪も多く、マガンは南下を強いられたが、一九九〇年代以降は結氷時期が次第に遅く、短くなり、積雪も少なくなったため、マガンたちは南下する必要がなくなりつつある。これが小友沼で越冬する個体が増加した原因と考えられる。

小友沼以外にも、かつて春と秋だけガン類が訪れる中継地だった湖沼や湿地が、暖冬傾向で、結氷しなくなり、ガン類がそこで越冬してしまうという現象が見られるようになった。秋田県の八郎潟、山形県鶴岡市の上池・下池、北海道日高支庁の新ひだか市（旧静内町）、胆振支庁の伊達市などが越冬地化し、苫小牧市のウトナイ湖でも、マガンの越冬が確認された。これらの生息地以外でも、北海道や東北北部の湖沼では、ガン類の秋期の滞在期間が長くなり、冬を迎えてもガン類の群れが観察される地域が増加しつつある。

越冬地化した中継地

北海道にはマガン、ヒシクイの生息地が比較的多いが、冬期間の気候が寒冷のため、いずれも春と秋に立ち寄る中継地で、沿岸域を生息地とするコクガン以外のガン類の越冬は不可能と考えられていた。その北海道の日高地方の新ひだか市静内で、一九九五／九六年度以降、毎年冬を越すマガンの群れが確認されるようになった（谷岡　一九九八）。個体数は当初は数十羽だったが、その後、百羽を超え、現在では安定した越冬地となり、温暖化の進行がマガンを通じて監視・予測できる重要な生息地となりつつある（**図8・11**）。同様な変化は胆振支庁の伊達市でも見られ、一九九九／二〇〇〇年度以降、最大百羽程度のマガン群の越冬が観察されるようになった（篠原盛雄　未発表）。また、北海道苫小牧市のウトナイ湖でも九〇年代に秋期に遅くまで居残るガン類が出現、最近では湖が結氷する十二月末や一月になっても、残留するガン類が見られ、二〇〇六／〇七越冬期には、ついに越冬する群れが観察されるようになった。

図8・3には、マガン、ヒシクイのこれまでの越冬地と中継地を分ける越冬限界線が破線で示してあ

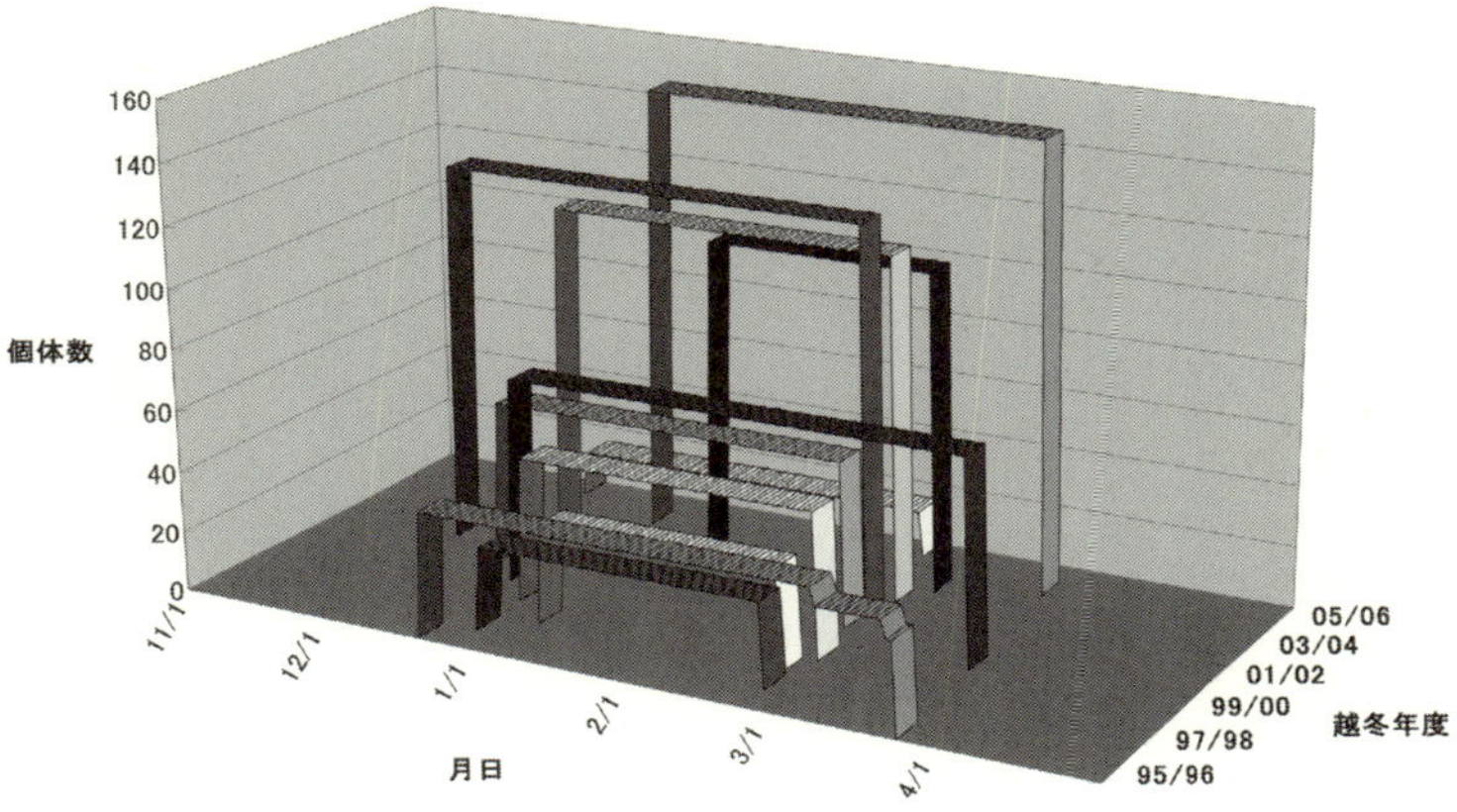

図8・11
北海道ひだか市静内でのガン類（マガン）の越冬羽数の変化（95／96）
（谷岡隆調べ）

るが、前述したように、この越冬限界線より北方の中継地の中に、マガンやヒシクイの「越冬地化」した生息地が出現するようになった。暖冬傾向により、越冬マガンとヒシクイの越冬地が北上する流れは今後も続くことが予想される。

この傾向は、米国でも見られる。米国西海岸沿いに渡りを行うコクガンの中には、その中継地であるアラスカ半島のアイゼンベク潟で越冬する個体が増えつつある。越冬個体数は、一九八〇年代には五千羽以下だったが、九〇年代中ごろに急激に増え、二万羽を超えるようになった。本来、メキシコまで渡っていたコクガンの多くが渡りのコースを短縮、アラスカに長くとどまるようになったのである。その原因は、冬のベーリング海が温暖化し、アイゼンベク潟が結氷しなくなったことから、アラスカでもコクガンの越冬が可能になった、と考えられている（Dr, David Ward, 私信）。

日本国内では、これまで沿岸域を生息地とするコクガンの越冬地が北上する傾向は見られなかったが、最近、その様子が変わってきた。北海道東部の野付湾には、コクガンの主要食物となるアマモの広大な藻場があるため、秋と春の渡りの時期には数千羽のコクガンが飛来する、国内最大のコクガンの生息地となっている。従来、湾内が冬期間は全面結氷し、コクガンの群れはほとんど見ることができなかったが、二〇〇五／〇六年の冬以降、野付湾の内外で越冬するコクガンの群れが観察されるようになる（中田　二〇〇六、藤井ほか　二〇〇七）。現在、越冬期の詳細調査が行われているが、温暖化の影響で野付湾が結氷しにくくなり、アラスカのアイゼンベク潟と同様の現象が日本でも起きている可能性が高い。

このように、ガン類の行動の観察を通じ、ガンが地球の温暖化に非常に敏感に反応していると認めざるをえない現象が各地で見られる。これだけで温暖化に起因すると断言はできないものの、手遅れにならないための取り組みは求められる。ガン類は「地球温暖化とその未来の予測」のための優れたモニタ－となりうる。リモートセンシングなどによる気象環境情報の入手とともに、引き続き、ガンの行動の変化を監視し続ければ、温暖化に関連して予想される事態の未来予測とそれに基づく有効な対策を迅速に打てるだろう。それは、人間や鳥類を含めた未来の地球の生態系を保証することにつながる。

注　最近、米国などでは、大型の亜種をBranta canadensis、小型の亜種をBranta hutchinsiiと、別種として扱っている。

参考文献

Crick,. H. Q. P., Dudly, C., Glue, D. E. & Thomson, D. L., 1997. UK Birds are laying eggs earlier. Nature 388 : 526. (English)

藤井薫ほか　二〇〇七　冬季における野付半島のコクガンの生息状況調査報告書　野付半島ネイチャーセンター

IPCC, 1996. Climate Change 1995. (Watson, R. T., Zinyowea, M. C., Moss, R. H. &Dokken, D. J. eds) Camblige Univ. Press. (English)

Kondratyev, A. V. (unpublished). Distribution of Geese Populations around Pekul, ney Lakes at Southern Chukotka (Coastal Koryak Area, Russia), Important Sites for Goose, Populations in East Asia, Joint Research Report by IBPN, Russian Academy of Science and Japanese Association for Wild Geese Protection.

Kondratyev, A., Takekawa, J. Y. 三田長久　一九九五　小型位置送信機を使用したハクガン個体群のアジアへの復元に関する調査研究、電気通信普及財団研究調査報告書　9：五一八-五四一頁

呉地正行　一九九八　温暖化とともに北上するマガンの越冬地　SCIaS 31 : 70-71.

呉地正行、佐場野裕、岩渕成樹、S., Syroechkovsky, E., Baranyuk, V. V., Andreev, A.,

宮林泰彦編　一九九四　ガン類渡来地目録第1版　雁を保護する会　若柳　三一六頁

中田千佳夫　二〇〇六　コクガンが野付湾で越冬している　北海道野鳥だより１４５：七-一一頁

Owen, M, 1980. Wild Geese of the World, Fakenham Press Limited, Norfork, England, 236pp.

Syroechkovski E. et al. (unpublished) Monitoring of Goose Ecology Changing in East Asia relating to Global Warming (Unpublished report on the field project of the Goose and Swans Study Group of Eastern Europe and North Asia and Japanese Association for Wild Geese Protection in 2000-2002).

Takeshita N., and M. Kurechi, 2000. What will Happen to the Birds? ed by A. Domoto et al. A Threat to Life : The Impact of Climate Change on Japan's Biodiversity, Tsukiji-Shokan Publishing Co., Ltd and IUCN Grand, Aweizerland and Camblidge, UK. Includesbibliographical references and index.

谷岡隆　一九九八　マガン北海道（静内町）越冬観察記録　北海道野鳥だより　112：六—一一頁
横田義雄・呉地正行・小杉眞理子　一九七九　越冬ガンの個体群行動の研究Ⅰ　伊豆沼
横田義雄・呉地正行・小杉眞理子　一九八〇　越冬ガンの個体群行動の研究Ⅱ　伊豆沼
越冬ガンの羽数調査　鳥28：二九—五二頁
越冬ガンの採食地の分布　鳥29：七—三三頁

新型ウイルスと拡大する感染症リスク　加藤賢三

四十数年前にウイルス研究に携わって以来、様々なウイルスに出会った。国立予防研究所（現国立感染症研究所）では、一九六〇年代初めのころから、ポリオウイルスワクチンの国家検定を行っていたが、その際、野生のカニクイザルやアフリカミドリザルを輸入、腎臓を取り出して培養し、その細胞を使っていた。そんな中、一九六七年に西ドイツ・マールブルグの研究所の実験室内で、アフリカミドリザルの腎臓の培養液が原因で研究者への感染が発生したという報道が飛び込んできた。当時の記録では、ウガンダから西ドイツに輸入されたのと同じミドリザルが国立予防研究所に数多く届いていたようで、日本で同様の事件が起きたとしても不思議ではない。今、思うと、このマールブルグ病が現在、話題になっているいわゆる新興感染症の始まりではないか。私にとって、温暖化と感染症、そして、新型ウイルスについて考えるきっかけを与える出来事になった。

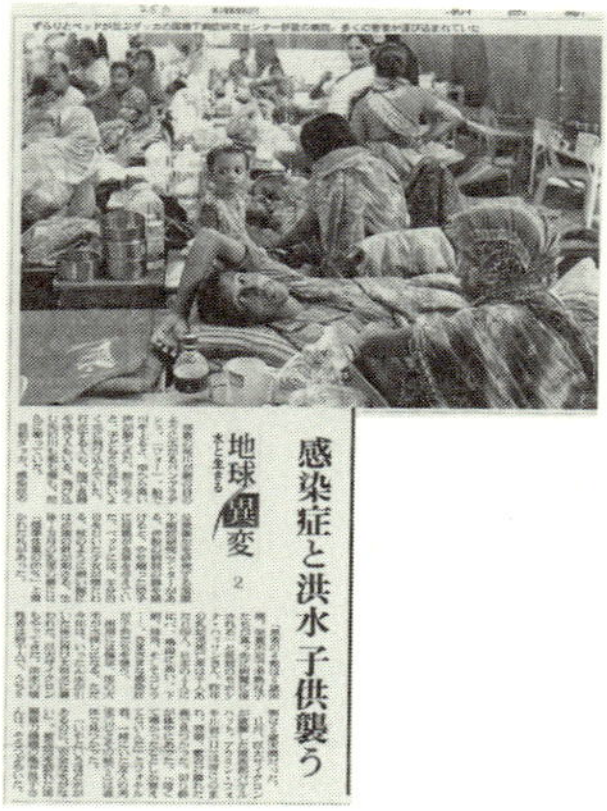

図9・1
「感染症と洪水　子供襲う」 バングラデシュの首都ダッカの、国際下痢症研究センターの病院の子供たち。出展：朝日新聞平成19年12月26日

新型ウイルスの出現で推定五億人死亡

環境省は、温暖化と人の感染症の発生リスクとの関係を小冊子にまとめている（**参考文献1**）。感染症とは、各種病原体によって引き起こされる疾患の総称。感染症を、病気を発生させる病原体別に分けると、原虫（マラリア）、カビ（真菌症）スピロヘータ（梅毒）、細菌（結核）、リケッチア（Q熱）、クラミジア（オウム病）、ウイルス（インフルエンザ）などのグループになる。人類は健康な社会生活を送るために、感染症を克服すべく努力してきた結果、抗生物質の発見や良質な各種ワクチンの開発により、寿命を飛躍的に延ばしてきた。しかし、人口の増加に伴う、食糧確保や開発のため、森林などの伐採や地域の生活様式の急激な変遷が、新たな病気や新興感染症（エボラ出血熱／マールブルグ病／ラッサ熱など）の蔓延を引き起こしている。これは、従来、棲み分けが成立していた動物（感染

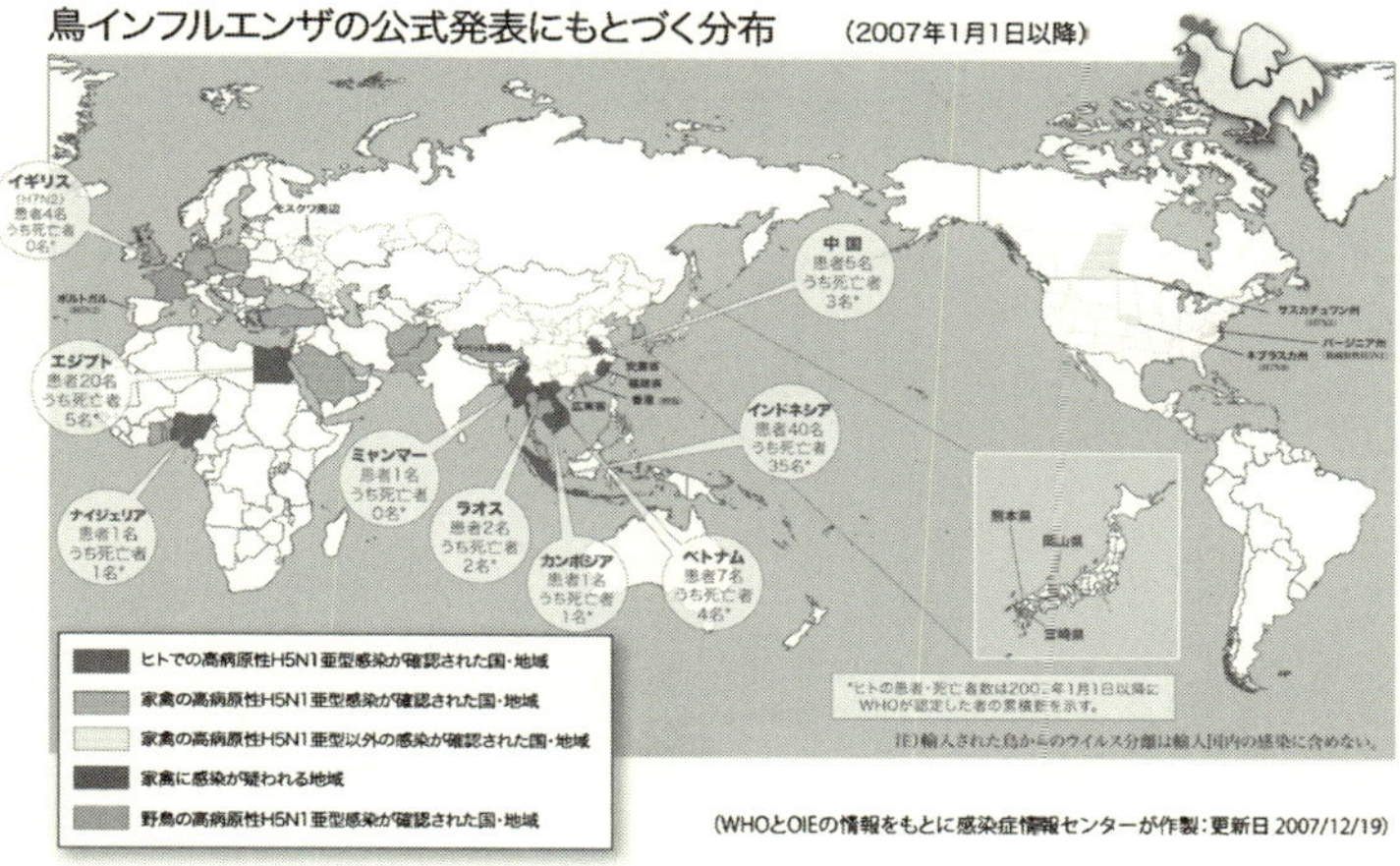

図9・2

「鳥インフルエンザマップ」厚生労働省

源）と人間の距離が縮まったことによる感染症の拡大が、生態系の破壊や生物多様性の劣化に伴って起こることも意味している。

これまでも、マールブルグウイルスはじめ、多くの新たなウイルスが出現して新興ウイルスと呼ばれ、その脅威が問題になっていた。二〇〇四年にトリインフルエンザが韓国、日本で発生、この時は、アジア各地に広がって一千万羽もの鶏が処分されたうえ、感染して死亡した人も報告された。アジア各国で発生しているトリインフルエンザは人に感染するので、豚だけでなく人の体内でも、新型のウイルスが出現する可能性がある。通常、トリインフルエンザウイルスは人間から人間への感染は起こさないが、豚はトリインフルエンザウイルスと人のインフルエンザウイルスの双方に感染する。双方のウイルスを持った豚の体内でウイルス間の遺伝子組み換えが起こり、その結果、新型インフルエンザウイルスが出現することが知られている。

トリインフルエンザウイルスは野生のカモなどが持っているウイルスだが、人への感染はカモからではなく、鶏からと言われていて、野生動物から家畜にウイルスが感染し、そこで増えたウイルスが人に感染するという構図だ。このように、大流行がどの程度の可能性で、いつどこで、起こるのか、誰にもわからないというのが現状。温暖化によるハリケーン、モンスーンなどの自然災害、それに続く人為災害である感染症の大流行という危機管理の視点から、世界的な規模での対応が必要になる。もし、その種の新型インフルエンザウイルスが出現した場合、最悪、世界で十五億人が重症に陥り、五億人が死亡するという推定もある（**参考文献2**）。

水系感染症に要注意

ノロウイルス（Noro virus、以下、ＮＶ）はカリシウイルス科の属名のひとつで、従来、小型球形ウイルス（ＳＲＳＶ）、ノーウォーク様ウイルスと呼ばれていたものだ。ＮＶはＲＮＡ型ウイルスで、ＧⅠとＧⅡのサブグループに大別され、それらはさらに三十三の遺伝子型に分類されるが、患者から検出されるＮＶの多くはＧⅡグループに属す。ノロウイルスは従来、カキなどに由来する食中毒の病原体として認識されていたが、二〇〇四年末〜〇五年に高齢者施設で集団発生が多発したことから、人から人への感染症としても注目されるようになった。厚生労働省への届け出によると、ノロウイルス由来の食

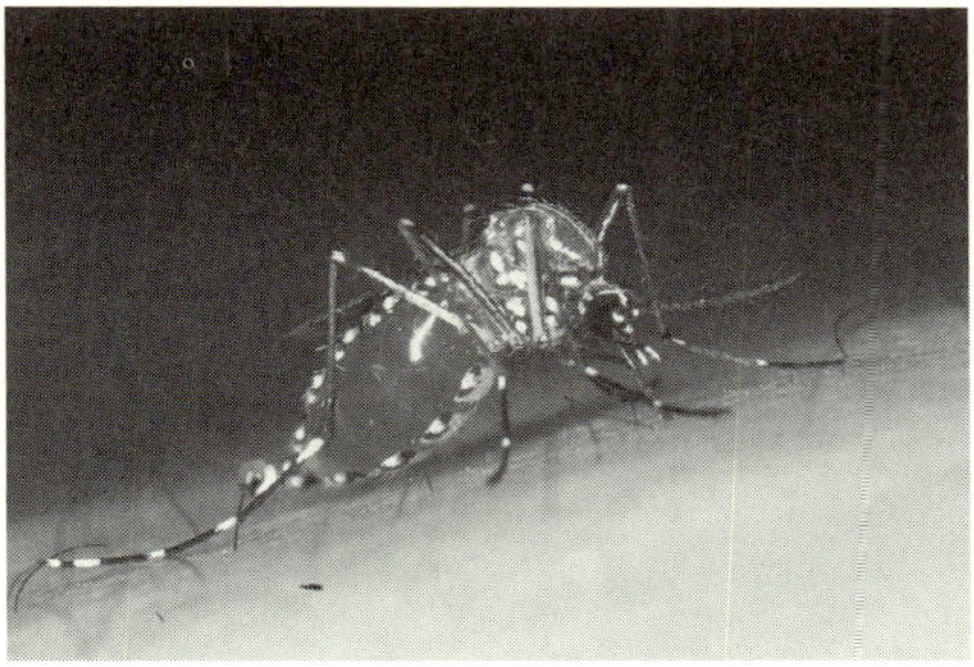

図9・3
「ネッタイシマカ」（写真提供　国立感染症研究所　昆虫医科学部）

中毒は毎年二百五十件から二百九十件、患者数は八千人から一万二千人と、増加。〇四年には、食中毒患者の四五％をノロウイルスが占め、ノロウイルス対策が急務になっている。

近年、井戸水などに由来する食中毒事件も起き、水源対策が必要になってきた。日本では、赤痢、コレラなど腸管感染症が激減している半面、ノロウイルスによる食中毒が多発している。世界的には、特に、東南アジアのモンスーン地域で、気候変動による洪水の多発により、ノロウイルスが大流行する可能性があるため、危機管理として配慮すべき水系感染症である（**参考文献3**）。

Ｅ型肝炎は、Ｅ型肝炎ウイルス（ＨＥＶ）の感染によって引き起こされる急性肝炎。稀に劇症化することがあるが、慢性化することはない。ただ、妊婦がＨＥＶに感染して発症した場合、劇症化する率が高まり、死亡率は二〇％とも言われている。また、ＨＥＶは東南アジアでは雨季、特に、広範に洪水が起こった後に発生することと、人獣共通感染症の可能性から、気候変動による洪水で、大流行する可能性も否定で

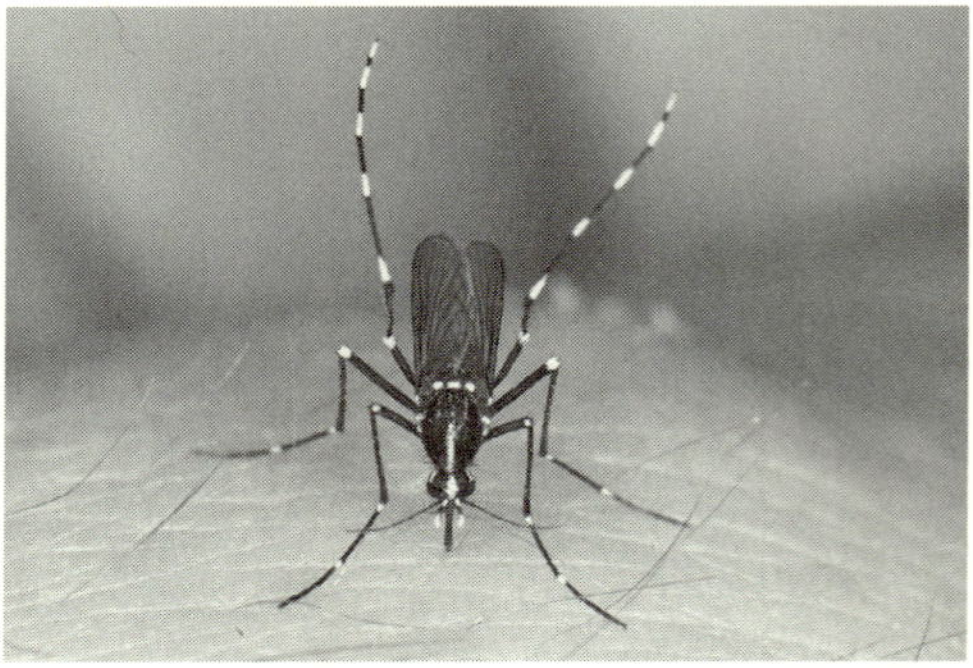

図9・4
「ヒトスジシマカ」（写真提供　国立感染症研究所　昆虫医科学部）

きない。実際、一九九一年には、八万人近い集団感染がインドで起こったが、その原因は飲料水の汚染だった。E型肝炎は水系感染症のひとつだが、同時に、人獣共通感染が疑われる唯一の肝炎ウイルスだということを強調しておきたい（**参考文献4**）。

成田空港検疫所は検疫法に基づき、日本に常在しない感染症（検疫感染症：エボラ出血熱、ペスト、コレラ、黄熱など）の病原体が海外から国内に侵入することを防止するため、海外からの来航者や感染症の媒介動物である蚊やネズミなどの調査を行っている。ちなみに、外国からの成田空港への一日の到着便は二百四十機、年間九万機弱。蚊の捕獲調査は、航空機内と千八百八十ヘクタールのエリアで行っている。

このうち、デング熱はマラリアと同様、アジアや太平洋諸島など熱帯亜熱帯地域に広く分布するウイルスによって引き起こされる感染症で、デング熱ウイルス（フラビウイルス属で1～4型まである）を保有している蚊に吸血されて感染する。デング熱の患者は年間約一億人。マラリアと異なり、デ

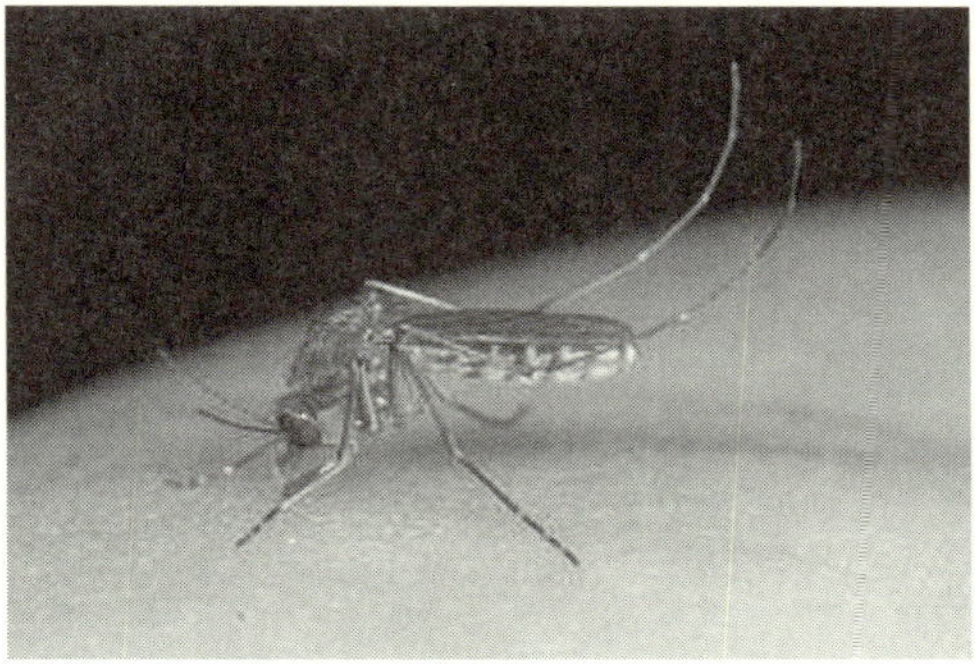

図9・5
「コガタアカイエカ」(写真提供　国立感染症研究所　昆虫医科学部)

ング熱を媒介するネッタイシマカやヒトスジシマカはどんな水溜まりからでも発生するので、マラリアより感染する危険性が高いと言われている。成田空港、関西空港、中部空港、福岡空港におけるデング熱検査の詳細報告（**参考文献5**）によると、二〇〇四～〇七年（〇七年は一～五月）までの成田空港などの各検疫所で実施した旅行者の抗体検査の結果、ウイルス型別では、1型が五件、2型が二件、3型が十二件、4型が四件。国別では、インド十五件、インドネシア八件、フィリピン六件、タイ四件、ガーナ、ネパール、ベトナム、マリ、スーダン、ドミニカ、バングラデシュ、カンボジアが各一件だった。抗体の検査で陽性の場合、過去に感染したことを示してはいるが人体にウイルスがいることを必ずしも意味していない。

二〇〇四～〇七年（一～五月）までのデング熱、黄熱、日本脳炎、ウエストナイル熱を対象とした、ウイルス遺伝子を用いた検査では、成田空港（二千六百五十五匹）はじめ、総計五千四百四十二匹（このうちの十八匹は航空機内にて採集）はすべてが陰性で、日本国内にデングウイルスを保有する蚊は発見されなかった。捕獲した蚊の遺伝子検査での陽性は、ウイルスの生死にかかわらず、ウイルスの遺伝子が存在したことを意味する。ただ、これまで、ヒトスジシマカの侵入はないとはいえ、海外からの感染症の侵入を防止する対応がますます重要となる。

パンドラの箱を開けないために

今後、最も注意を要するのは、トリインフルエンザ。インフルエンザの大流行には、渡り鳥が重要な役割を担っている。媒介する動物としての野鳥（カモなど）は食物連鎖の上位にいる生き物で、環境の変化、生態系の変化に非常に敏感だから、感染症リスクの増大の鍵を握る媒介動物と言える。（SARS）重症急性呼吸器症候群が今でも問題になっている理由のひとつは、コウモリとのかかわりだ。

アフリカなどでは都市化が進んでも、公衆衛生の教育や整備が追いつかない状況にあり、新興感染症の流行地域になっている。気候変動による洪水などに関連して問題になるのが、水系感染症で、その代表的なものはコレラなどだが、最近は、ノロウイルスとE型肝炎が注目されている。これらのウイルスは、水系感染症（汚染した水に由来する）の特徴を持ちながら、ノロウイルスは人から人へ、ＨＥＶは動物から人への感染も知られている。さらに、開発途上国でも、先進国でも共通して大きな流行が見られる。一般的には、感染症の被害を最小に食い止めるには、上下水道整備を徹底することだが、開発途上国では、これが不十分なため、多くの死者を出し、バングラデシュには、国際下痢症研究センターまである。

いずれにせよ、感染症を防ぐには、啓発が一番。防疫の水際作戦という意味において、海港、空港で輸入感染症を予防することも重要だ。温暖化と暮らしの中の利便性の追求が生態系の劣化や破壊につながり、今まで、棲み分けられていた、野生動物と人間との接触機会が増えることで、人類が未経験の感染症を体験することになる。一般に、西ナイル熱、SARS、トリインフルニンザのような、致死性の高いウイルスの出現は、近年になってのことだ。ウイルスの自然宿主において、ウイルスと動物は共存している。そのバランスを崩すことが、パンドラの箱を開けることにつながるのである。

（付記：本稿では紙幅の都合で省いた感染症が多いが、気になるのは、「カエルツボカビ」と「コイヘルペス」で、ともに生物多様性の劣化を招いている。両者には、ペットとして外国から輸入されたものが感染拡大を招き、不注意な取り扱いで、病原体を撒き散らした、という共通点がある。）

参考文献

1　http://www.eNV.go.jp/earth/ondanka/pamph_infection/full.pdf

2　人国立感染症研究所感染症情報センター
インフルエンザ・パンデミックに関するQ＆A（2006.12改訂版）

3　国立感染症研究所感染症情報センター

病原微生物検出情報（月報）IASR 24: 309-310, 2003　IASR No. 12 p. 9

4　感染症発生動向調査週報：IDWR　感染症の話
２００４年第13週号

5　病原微生物検出情報（月報）Vol. 28：二一五‐二一七頁
主な空港検疫所におけるデング熱検査の現状

温暖化による永久凍土と高山植物の危機

増沢武弘

温暖化の影響は近年、高山帯にも現れている。これは富士山の永久凍土、アポイ岳（北海道）の高山植物群落、南アルプスの「お花畑」などの調査から推測されるようになった。

富士山の永久凍土の下限が二十二年間で百メートル上昇

永久凍土とは、「少なくとも連続した二回の冬と、その間の一回の夏を合わせた期間より長期にわたって、〇℃以下の凍結状態を保持する土壌または岩石のこと」と定義されている。高緯度のシベリアやアラスカでは普通に見られる現象だが、日本列島では、富士山を除いて北海道の大雪山、本州の北アルプスの一部にしか存在しない。

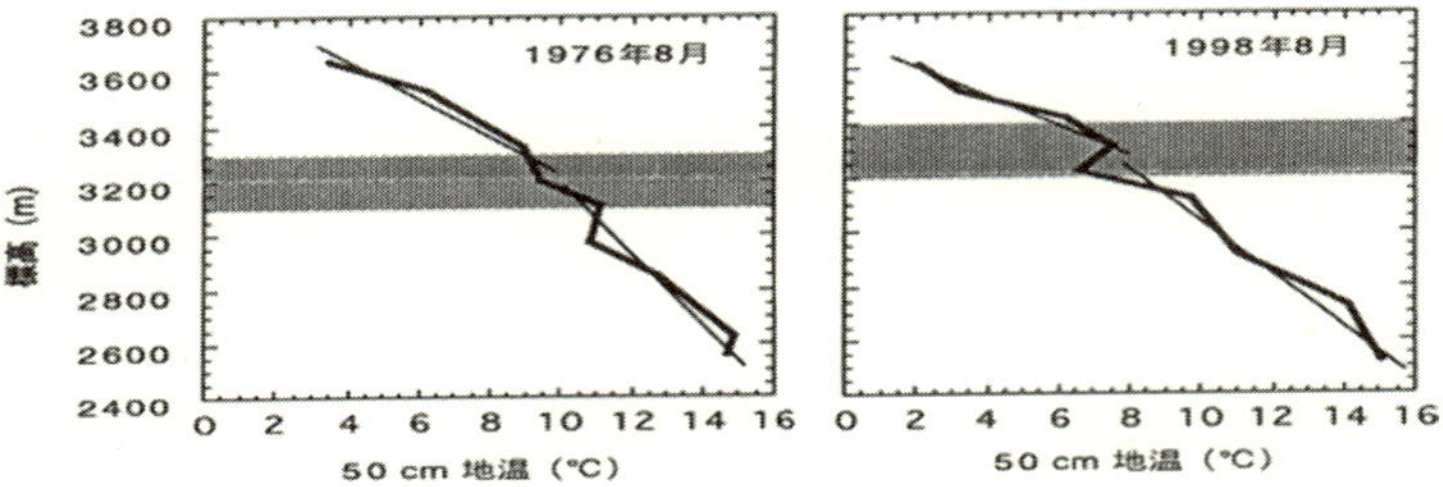

図10・1
過去22年間の富士山南斜面における永久凍土下限高度の変化。推定下限高度の範囲（網かけ部分）は、過去22年間で平均100m程度上昇した可能性を示している（藤井・増沢ら　1999）。

真夏でも富士山頂の土が凍っていることは、一九三五年に中央気象台の測候所が設置された時から知られていた。山頂に観測所を建設するにあたり、大変に苦労したという「コンクリートのように固い土」が、この永久凍土である。本格的な調査は、一九七五年夏に国立極地研究所の藤井理行氏らによって行われた。この調査で初めて、富士山頂に永久凍土が存在し、その下限は標高約三千百メートル付近ということが確認された。

藤井らの研究グループは富士山頂付近に永久凍土があることを翌七六年に初めて内外に発表。その研究では、標高二千五百メートルから山頂の三千七百七十六メートルまで凍土の垂直分布を調べ、土の表面から深さ五十センチの土壌温度を標高別に測定して、永久凍土の下限を推定した。その後、増沢と藤井は一九九七年から五年間、二十二年前と同様の調査を行った。その結果、二十二年後の永久凍土の下限の平均値は標高三千二百メートル付近であり、標高にしてほぼ百メートル上昇したことが判明した（**図10・1**は一九七六年と九八年の調査結果）。一九九九年にこの結果を発表し、下限が上昇したのは山頂の気象

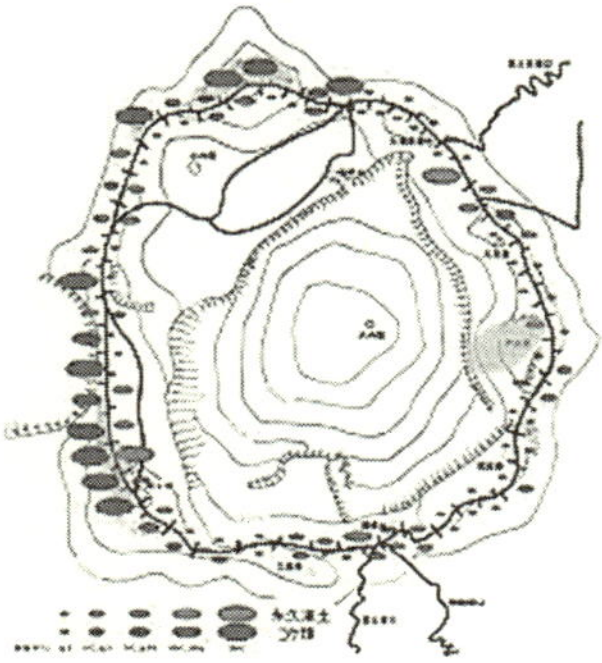

図10・2
富士山頂のコケ類の分布と永久凍土（増沢 2002）
黒色の楕円形はコケ類、うすい網がけは永久凍土を示している。

データから、最近の温暖化に関係しているのではないかと推定したのである。

一九九八年の測定では、永久凍土の垂直分布の変動と同時に、凍土とコケ類の分布域にも注目して調査した（**図10・2**は富士山頂の火口外縁における永久凍土の分布とコケ類の分布）。その結果、凍土分布とコケ類の分布には密接な関係があることがわかった。特に、火口の西および北側に位置する剣ヶ峰、白山岳、雷岩の周辺には広く永久凍土が存在し、そこには密度の高いコケ類の分布が見られた。

またコケ類（ヤノウエノアカゴケ）と空気中の窒素固定を行うラン藻（シアノバクテリア）の共存など、南極大陸によく見られる現象が富士山頂でも見られ（中坪と大谷　一九九一）、日本列島のほぼ真ん中に南極と類似した自然があるのではないかと推測した。

日本列島では、永久凍土の存在は大変貴重なものだが、富士山の永久凍土の下限が二十二年間で平均百メートル上がっていることは、明らかに富士山から永久凍土が減少していることを意味する。今後、この変動について着目していくことが必要だ。近年、富士山頂の平均気温も上昇し、温暖化の影響は富士山頂の自然にも及んでいることが想像される。

アポイ岳の高山植物群落の急速な衰退と木本植物

北海道南部に位置するアポイ岳には、八百十メートルという標高にもかかわらず、高山性の植物が数多く生育し、その中にはアポイ岳に固有の植物も多い（北村 一九五六、高橋 一九七三）。アポイ岳はその植物相の貴重さゆえに一九五二年に国の天然記念物に指定され、八一年には日高山脈襟裳国定公園の特別保護区に指定された。これほど低い標高の山に高山帯で、一般的に見られる高山植物や固有種・遺存種が生育している要因は、①夏期における海岸からの濃霧の発生による日射量の減少とそれに伴う気温の低下、②アポイ岳の母岩が超塩基性のカンラン岩で、その化学的・物理的な性質から植物の生育に適さないことなどであり、そのため、ここに生育する植物群は限定されると考えられている。

一方、渡邊（二〇〇一）によると、アポイ岳が天然記念物に指定された前後の四十～五十年前から、木本植物の侵入によって、高山植物の生育範囲は急速にせばめられている（**図10・3**）。その先駆的な木本植物はハイマツ（*Pinus pumila*）とキタゴヨウ（*Pinus pentaphylla*）だ。これら木本植物の侵入は、特殊植物群落である超塩基性植物相の急速な衰退に対して、決定的な役割を果たしていると考えられている。

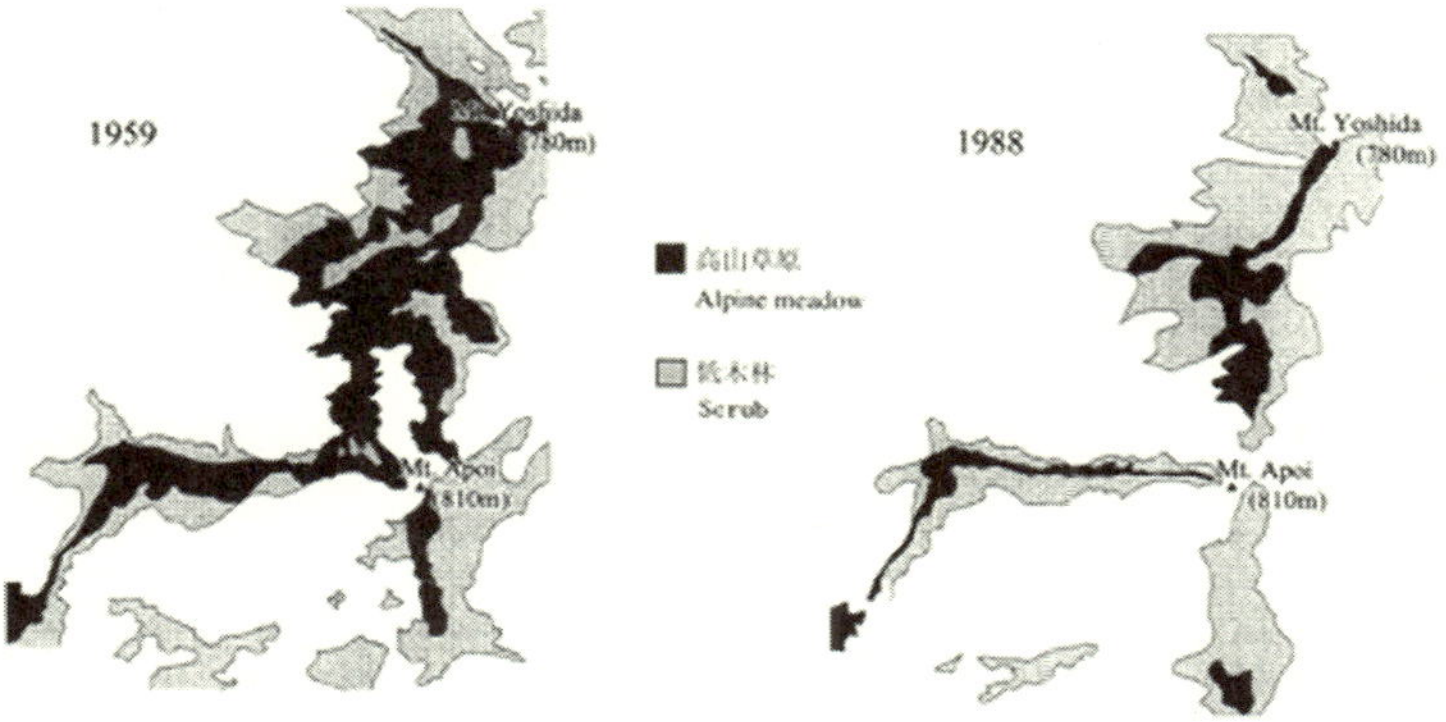

図10・3　アポイ岳における高山草原の変遷（1959～1988年）［渡邊（2001）改変］

図10・4は一九〇〇年から二〇〇〇年にかけて侵入したハイマツの樹齢を測定した結果である。この調査区では一九〇〇年代の初期にハイマツが侵入し、その後、徐々にその個体数は増加しているが、一九七〇年からの二十年間で約百個体が急激に増加した。このことは、現在から約三十年前に何らかの影響を受けて、個体数増加が急速に起こったことを意味する。

キタゴヨウは、一九三〇年代初期に最初の個体が侵入し、その後一九七〇年代の中ごろまでわずかずつではあるが増加が見られた（**図10・5**）。しかし、ハイマツと同様、一九七〇年代中ごろから、その増加速度は顕著になる。この二種の木本植物の個体類変動から、アポイ岳の環境要因が三十年ほど前に大きく変化し、それにより、ハイマツとキタゴヨウなどの木本植物の侵入が促進されたと推測できる。

アポイ岳の東西に広がる稜線上は、五十年前にはハイマツとキタゴヨウがほとんど存在しない高山草原であった（渡邊二〇〇五）。しかし近年、高山草原は木本植物、特にハイマ

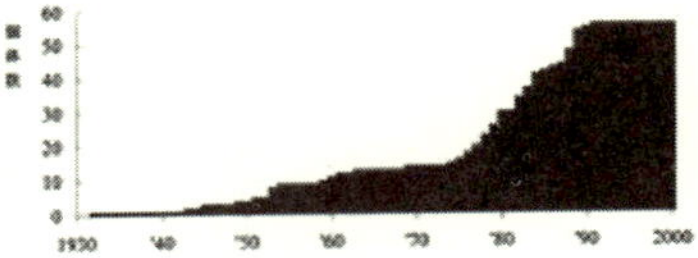

図10・4
ハイマツの個体数変動（増沢　2001）

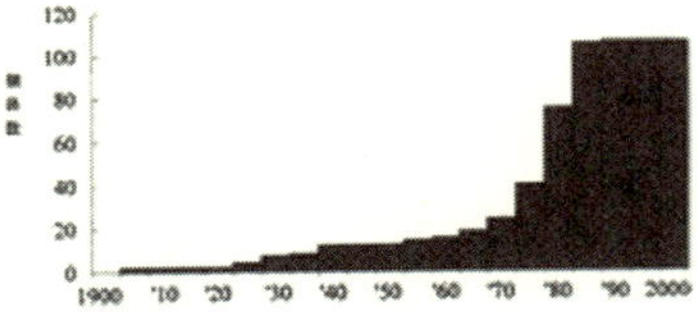

図10・5
キタゴヨウの個体数変動（増沢　2001）

ツの侵入で急速に減少した。変化の過程を解析した結果、アポイ岳の稜線上部から下部にかけて、ハイマツの個体数が増加するとともに、平均樹齢は下部から上部にかけて低下するという結果が得られた。このことから、ハイマツがかつて高山草原だった部分に徐々に侵入していると推測できる。侵入の速度は約三十年前から速まり始め、現在も進行している。

ハイマツとキタゴヨウの分布拡大過程については、古くから動物による影響が報告されている。種子を運搬する動物はエゾリスやホシガラスであるが、特にアポイ岳の稜線沿いでは、ホシガラスが重要な役割を果たしているものと思われる。林田（一九九四）によると、アポイ岳の稜線沿いの裸地に束生するキタゴヨウの稚樹の大半はホシガラスが貯蔵した種子から発生したもので、種子は平均六・六個が地中二〜三センチに貯蔵されていた。このことから、ホシガラスによる種子散布は裸地におけるキタゴヨウの先駆的な更新に深く関与していると考えられる。

アポイ岳においては、カンラン岩の風化からなる土壌の特殊性と、夏期の霧による気象条件が複合的に作用して、特殊な高山草原が維持されてきた。しかし、約三十年前からキタゴヨウとハイマツの侵入が急速に起こり、近い将来、高山草原が消滅する可能性が示唆されている。環境要因の変化としては、温暖化、酸性雨、冬期の気温上昇、積雪量の減少などが考えられる。このうち、近郊の帯広市の気象データによると、一九六〇年代から明らかに冬期の気温の上昇が見られる。年間を通しての平均気温の上昇と、夏期における霧の発生量の減少が、木本植物の侵入を促進させた可能性は十分に考えられる。

アポイ岳周辺の植物は母岩であるカンラン岩の影響を受けた超塩基性岩植生として、一九二〇年代から植物分類学や植物地理学の分野で注目されてきた。しかし、近年のアポイ岳周辺の植物群落には大きな変化がみられ、特にアポイ岳に固有の植物の減少が著しい。かつては多様性の高かったアポイ岳、幌満岳の高山植物群落には、固有種であるヒダカソウも数多く生育していたが、現在ではほとんど見ることができなくなった。さらに、他の固有種についても近年の木本植物の急速な侵入により、その分布量が縮小している。温暖化によって、この傾向が急速に進行すれば、植生の回復は極めて困難になるものとみられる。

南アルプス中部地域におけるニホンジカによる攪乱

南アルプスの塩見岳は北岳（三千百九十二メートル）、間ノ岳（三千百八十九メートル）、農鳥岳（三千五十メートル）の白峰山塊から南南西に延びる赤石山塊に位置する。塩見岳から荒川前岳（三千六十八メートル）・赤石岳（三千百二十メートル）までは標高二千五百メートルから二千八百メートルの権右衛門山（二千六百八十二メートル）・本谷山（二千六百五十八メートル）・鳥帽子岳（二千七百二十六メートル)・小河内岳(二千八百一メートル)・板屋岳(二千六百四十六メートル)の峰々が連なり、それらの稜線沿いには針葉樹に混じって高茎草本群落が成立している。

〈塩見岳〉

塩見岳の山頂部は緑色岩類やチャートなどで構成されていて、その形は兜を伏せたような景観だ。この突出した山頂部は露岩地で、岩場に生育する高山性の矮性低木や多年生草本植物が生育する。山頂部より標高が低い二千六百メートル前後のなだらかな稜線は、砂岩や泥岩で構成されている。稜線の西側斜面は大きく浸食され、常に崩壊が生じている急斜面である。山頂部の露岩地を除き、三千メートル付近までハイマツ群落が、その下方にはダケカンバが優占した落葉樹林、それより標高の低いところには針葉樹の森林が広く分布している。

塩見岳の東側は大規模なカール地形だが、カール壁と崖錐は崩壊し、荒川岳の南東面のように明瞭な状態では残存していない。比較的岩盤が固く崩壊が少なかった部分では頂上直下までハイマツ群落となっている。このように三千メートル以上にハイマツが一般的に見られる山岳として、塩見岳は多くの研究者に注目されてきた。この地域は、二〇〇〇年ごろからニホンジカによる食圧が知られているが、二〇〇五年には東側斜面のほとんどすべてにニホンジカによる攪乱が見られた。

表9・1に示した塩見岳の植物群落Ⅰは、ニホンジカによるストレスを受けた群落の中でも、比較的自然度の高い群落で、タカネヨモギ・ミヤマゼンコが優占し、下位草本層には、キバナノコマノツメが

階層	spp.	被度・群度
草木層	*Artemisia sinanensis* タカネヨモギ	4・3
	Coelopleurum multisectum ミヤマゼンコ	3・1
	Trollius riederianus var. japonicus シナノキンバイ	2・2
	Calamagrostis canadensis ssp. Langsdorffii イワノガリヤス	1・2
	Rumex montanus タカネスイバ	1・2
	Gentiana amakinoi オヤマリンドウ	+・2
	Ranunculus acris var. nipponicus ミヤマキンポウゲ	+
	Veratrum grandiflorum バイケイソウ	+
	Geranium yesoense var. nipponicum ハクサンフウロ	+
	Deschampsia flexuosa コメススキ	+・2
	Polygonum viviparum ムカゴトラノオ	+
	Solidago virgaurea ssp. Leiocarpa f. japonalpestris ミヤマアキノキリンソウ	+
下位草本層	*Viola biflora* キバナノコマノツメ	3・2
	Arnica unalaschkensis var. tschonoskyi ウサギギク	+

表10・1
2005年塩見岳の植物群落Ⅰ（増沢　2006）
この付近はニホンジカのストレスは受けているが、シナノキンバイとミヤマキンポウゲが残存しているため、ストレスが解消されれば回復の可能性がある。

密度の高い状態で生育していた。この付近は二十五年前の調査では、草丈の高いシナノキンバイ、またはハクサンイチゲが優占している高山高茎草本群落が広く分布していたところだ。しかし、二〇〇五年には、シナノキンバイが優占している群落の面積は極めて縮小していた。シナノキンバイとハクサンイチゲは一九七九年には被度・群度が各々5・5と4・2であったが、二〇〇五年にはタカネヨモギが優占種で4・3、シナノキンバイは2・2と変化。この大きな変化はニホンジカの食圧、踏圧によるもので、ニホンジカの個体群の急速な増大が、高山の「多年生草木群落」にまで達していることが明確になった。

　塩見岳の植物群落Ⅱ（**表10・2**）はニホンジカによる攪乱が大きい場所である。ここは、タカネヨモギまたはバイケイソウが優占していて、

階層	spp.	被度・群度
草木層	*Artemisia sinanensis* タカネヨモギ	3・2
	Veratrum grandiflorum バイケイソウ	2・1
	Aconitum senanense ホソバトリカブト	+
下位草本層	*Viola biflora* キバナノコマノツメ	4・4
	Carex sp.（siomi 1）カレックスsp.（塩見1）	+
	Ranunculus acris var. nipponicus ミヤマキンポウゲ	+
	Crusiferae（siomi 1）アブラナ科sp.（塩見1）	+
	Saussurea triptera var.minor タカネヒゴタイ	+
	Taraxacum sp.（siomi 1）タンポポsp.（塩見1）	+
	Senecio takedanus タカネコウリンカ	+
	Potentilla fragarioides var. major キジムシロ	+
	Solidago virgaurea ssp. Leiocarpa f. japonalpestris ミヤマアキノキリンソウ	+
	Geranium yesoense var. nipponicum ハクサンフウロ	+

表10・2
2005年塩見岳の植物群落Ⅱ（増沢　2006）
ニホンジカの食圧・踏圧により芝生状になった群落。

それに混生するように、ホソバトリカブトが生育している。下位草本層はキバナノコマノツメが優占していたが、地表面が露出している状態だった。また、場所によっては植生がなく裸地化していて、すでにエロージョン（土壌侵食）が生じている状態が広く見られた。全体として、ニホンジカの強度の食圧・踏圧により植生が単純化し、再生が不可能と思われる部分はエロージョンが進んでいるのである。

〈三伏峠〉

三伏峠は、赤石山脈のほぼ中央に位置していて、静岡県側と長野県側を結ぶ最高所の峠と言われている。大井川水系の西俣沢の源頭にあたり、峠の東側には高茎草本群落が峠から下方に向かって三角状に分布している。その下方にはダケカンバ・シラビソ林が発達していて、高茎草本群落が突然出現するような分布状態である。三伏峠の高茎草本群落は、森林限界以下の亜

階層	spp.	被度・群度
草木層	*Aconitum senanense* ホソバトリカブト	2・1
	Veratrum grandiflorum バイケイソウ	+
	Angelica pubescens シシウド	+
	Polygonum viviparum ムカゴトラノオ	+
下位草本層	*Fragaria nipponica* シロバナノヘビイチゴ	4・3
	Carex sp. (sannpukutouge1) カレックスsp. (三伏峠1)	3・3
	Viola biflora キバナノコマノツメ	3・3
	Geranium yesoense var. nipponicum ハクサンフウロ	1・2
	Euphrasia matsumurae コバノコゴメグサ	1・2
	Ranunculus acris var. nipponicus ミヤマキンポウゲ	+
	Taraxacum sp. (sannpukutouge1) タンポポsp. (三伏峠1)	+
	Trollius riederianus var. japonicus シナノキンバイ	+
	Cerastium schizopetalum ミヤマミミナグサ	+
	Thalictrum aquilegifolium ver. Intermedium カラマツソウ	+
	Malaxis monophyllos ホザキノイチヨウラン	+
	Rumex montanus タカネスイバ	+
	Senecio takedanus タカネコウリンカ	+
	Arabis hirsuta ヤマハタザオ	r
	Pedicularis yezoensis エゾシオガマ	r

表10・3

2005年三伏峠の植物群落Ｉ（増沢　2006）
ニホンジカのストレスは受けているが、シシウド・シナノキンバイ・ミヤマキンポウゲがわずかに残存している群落である。

高山帯に位置していて、稜線の鞍部の風背側の緩斜面であることから、水野（一九八四）により、亜高山帯風背緩斜面型の「お花畑」と呼ばれた。このお花畑の成立は、風と雪の影響が大きいとされている。

針葉樹林に囲まれたこの高茎草本群落もニホンジカによる攪乱が大きく、典型的な高茎草本群落は、森林のへりにわずかに存在しているだけである。三伏峠の植物群落はニホンジカの攪乱が大きい地点で、ホソバトリカブトが優占し、バイケイソウとシシウドがわずかに混生（**表10・3**）。草本層は密度が低く、種数も極めて少なく貧弱だ。かつてはシシウドが優占し、さらに高い密度でシナノキンバイ・ハクサンフウロ・オオカサモチが混生する草丈の高い高茎草本植物群落であった。二〇〇五年には、シシウドは極めて低い密度で出現し、下位草本層はシロバナノヘビイチゴとCarexが高い被度を占め、それらにタンポポの仲間やコバノコゴメグサが混在し、芝生状の景観を見せるようになった。

三伏峠の植物群落Ⅱはニホンジカの攪乱が比較的少ない地点で、三伏峠の林縁に沿って成立している草本植物群落の大半がこのタイプ（**表10・4**）だ。この地点は群落Ⅰと異なり芝生状の植生ではなく、高茎の草本植物が存在していて、ニホンジカによる食圧を受ける以前の状態がわずかに残っている。優占種はマルバタケブキで、それにバイケイソウ・ホソバトリカブト・シシウドが混生している。下位草本層はカヤツリグサ科の植物が極めて高い密度で生育していて、その周辺には芝生状になったCarexの群落が広く分布している。一九八〇年代前半にはミヤマキンポウゲとシナノキンバイが各々被度・群度が5・2、3・2であったが、近年はマルバタケブキが5・4で優占し、前述の二者は小型化して、わずかに存在している状態だ。また、東側の面には、ニホンジカの踏圧によって生じたものと思われるキ

階層	spp.	被度・群度
草本層	Ligularia dentata マルバダケブキ	5・4
	Veratrum grandiflorum バイケイソウ	2・2
	Aconitum senanense ホソバトリカブト	+
	Angelica pubescens シシウド	+
下位草本層	Carex sp.（sannpukutouge1）カレックスsp.（三伏峠1）	5・5
	Ranunculus acris var. nipponicus ミヤマキンポウゲ	+
	Pleurospermum camtschaticum オオカサモチ	+
	Rumex montanus タカネスイバ	+
	Saussurea triptera var.minor タカネヒゴタイ	+
	Trollius riederianus var. japonicus シナノキンバイ	+
	Thalictrum aquilegifolium ver. Intermedium カラマツソウ	+
	Maianthemum dilatatum マイヅルソウ	+・2
	Pedicularis yezoensis エゾシオガマ	+
	Viola biflora キバナノコマノツメ	+・2
	Taraxacum sp.（sannpukutouge1）タンポポsp.（三伏峠1）	+
	Cimicifuga simplex サラシナショウマ	+

表10・4

2005年三伏峠の植物群落Ⅱ（増沢　2006）

ニホンジカの食圧・踏圧が比較的少なくマルバダケブキが優占している。このような群落はシカ柵などによりストレスを取り除くことで復元される可能性が残されている。

ャトルテラスと、アースハンモックが見られ、二十年前とはまったく異なった景観となっている。

このような状況から、温暖化がさらに進行した場合には、ニホンジカ個体群の増大、標高の低い場所からの移入種の増加、木本植物の侵入などが懸念される。高山帯におけるニホンジカの個体数増加に関しては、冬期の積雪量が大きく関係していると言われている。温暖化による積雪量の減少は、ニホンジカの厳冬期の死亡率の低下や春期の移動距離の増大などを招き、高山帯にもその影響が及ぶに違いない。

参考文献

増沢武弘　二〇〇二　富士山頂の自然　静岡県
増沢武弘　二〇〇七　南アルプスの自然　静岡県
Nakatsubo, T. & Ohtani, S. 1991. Nitrogen fixing（C2H4-Reduction）cyanobacteria epiphytic on moss communities in the alpine zone of Mt. Fuji. Proc NIPR Symp. PolarBiol. 4:75-81
高橋誼・田中正人　二〇〇三　アポイ岳の高山植物と山草　アポイ岳ファンクラブ
渡邊定元　二〇〇一　アポイ岳超塩基性フロラの45年間（1954-1999）の変化　地球環境研究3：二一五-四八頁

里山の照葉樹林化による種多様性の低下

服部　保

里山とは、炭、薪、柴などの燃料や堆肥などの肥料を持続的に供給するため、人によって育成・管理された樹林で、原植生を破壊してつくられている。原植生は関東以西の照葉樹林、以東の夏緑林というように単純に区分されるが、里山は小地域ごとに、その地域の固有の自然条件と人の土地利用条件により、様々なタイプに分化する。植生を区分する方法のうち、最もわかりやすい相観によって里山を区分すると、照葉型、硬葉型、夏緑型、針葉型の四タイプになる。照葉型は、紀伊半島南部、四国、九州、沖縄に、硬葉型は中国、四国、近畿の太平洋・瀬戸内沿岸に、夏緑型は中国から北海道、針葉型は西日本を中心に分布している（**表11・1**）。

現存植生である里山は、利用されないと、極相に向かって遷移する。里山とその地域の極相について相観を比較すると、四国、九州、沖縄では、里山と極相がともに照葉型、また、東北以北がともに夏緑型、というように里山と極相の相観が一致する。これに対し、中国から近畿、中部、関東の大部分では、

相観	優占種	分布	その他
照葉型	コジイ、アラカシ、タブノキ、アカガシ	房総以西太平洋沿岸（特に四国、九州、沖縄）	日向備長炭（アラカシ）
硬葉型	ウバメガシ	紀伊半島以西太平洋・瀬戸内沿岸	土佐備長炭 紀州備長炭
夏緑型	コナラ、クヌギ、ミズナラ、アベマキ、クリ、ブナ	沖縄を除く全国	池田炭
針葉型	アカマツ、クロマツ、リュウキュウマツ	北海道を除く全国	―

表11・1　相観による里山の分類

里山が夏緑型または針葉型であるのに、極相は照葉型と、里山と極相の相観が大きく異なる。中国から関東地方の里山は遷移によって、優占種や種組成だけでなく、相観も夏緑型・針葉型より照葉型に大きく変化する。

温暖化が遷移を加速

昭和三十年代からの燃料革命によって、里山の利用は停止。その結果、近畿地方の里山では**表11・2**に示したような様々な変化が生じた。特に著しいのは、極相である照葉樹林への遷移。すでに、亜高木層や低木層ではヒサカキ、ソヨゴ、アラカシ、ネズミモチ、ヒイラギといった照葉樹の優占状態になっているところが多く、近年、その進行が早まっているようだ。照葉樹の生育にとって、気温上昇は好ましいことで、今後、温暖化によって照葉樹林への遷移が加速されたり、これまで低温条件に制限されて分布できなかった立地に、照葉樹林構成種の侵入が可能になると予測される。しかし、このような遷移の進行や新たな種の侵入に、温暖化がどの程度影響しているのか、という点についての研究はまだ緒

	夏緑型里山	夏緑型里山放置林
樹林の高さ	低林(10m未満)	高林(20mに近い)
高木の太さ	細い	太い
つる植物、ササ類	少ない	繁茂
照葉樹	少ない	繁茂、低木層で優占
林内の明るさ	明るい	暗い
相観	夏緑低林⇄伐採地	夏緑高林→照葉樹林
その他	8〜20年ほどの伐採周期	古い林分では50年ほど放置

表11・2　中国地方から関東地方における夏緑型里山と里山放置林の比較

に就いていない。外来種や庭園植物の里山への侵入に関する論文(服部ほか 一九九六、石田ほか 一九九八)に、庭園より逸出した照葉樹であるクロガネモチ、カクレミノ、センリョウ、イヌマキ、サンゴジュなどがニュータウン近辺の里山に定着し始めていることが記載されているが、やや温暖な立地を好むこれらの種が近年内陸部に定着し、遷移を進行させていることは温暖化の傾向を示す現象のひとつと推測される(**表11・3**)。

里山の放置によって、照葉樹林化が進行、詳細な資料はないものの、温暖化がその遷移を加速させている可能性が大きいことを示唆したが、照葉樹林化が問題となるのは、それによって、夏緑型だった里山景観(郷土の景観、風土)が変化することと、夏緑樹、草本類が被陰されて消滅し、生物多様性が大きく低下する点である。また、遷移の結果到達する極相の照葉樹林は、現在、里山に生育しているヒサカキ、ネズミモチ、アラカシ、ソヨゴ、ベニシダなどの限られた照葉樹林要素で構成される極めて単純な樹林で、決して、原生状態の照葉樹林へ遷移するわけではない。照葉原生林に多いフウラン、カヤラン、マメヅタ

種名	地域	自然分布域
クロガネモチ	三田市フラワータウン	沿岸域
カクレミノ	三田市フラワータウン、宝塚市中山台	沿岸域
サンゴジュ	三田市フラワータウン、宝塚市中山台	四国・九州
センリョウ	宝塚市中山台	沿岸域
イヌマキ	三田市フラワータウン	沿岸域
モッコク	三田市フラワータウン	沿岸域

表11・3　兵庫県下の里山に侵入している庭木由来の照葉樹

ラン、ムギラン、ヨウラクランなどの着生ラン類は元へは戻らない。絶滅する多くの夏緑樹、草本類に代わって生育するのは照葉樹林構成種だが、それは極めて少数で、これらの種では、種多様化は望むべくもない。

常緑植物の多い暗い林内で多様性が低下

過去に調査された里山の植生調査資料が存在する場合、同じ調査地点で追跡調査し、両者の資料の比較によって、遷移の進行・照葉樹林化と種多様性低下の関連について論じることは可能だ。が、過去の資料が存在しても、調査地を正確に特定できないケースが多いため、この方法による植生の遷移や変化に関する研究例は稀だ。

斉藤ほか（二〇〇四）は、関東地方のコナラ型里山（コナラ－クヌギ群集、コナラ－クリ群集）で二十年前に調査された植物社会学的調査資料と追跡調査した資料との比較を試みている。それによると、管理されていない里山では、

群落名	調査区数（区）	20年前の種多様性（種）	現在の種多様性（種）
コナラ－クヌギ群集	20	49	40
コナラ－クリ群集	19	51	49

表11・4　20年前後の種多様性の変化（関東地方のコナラ型里山を対象、調査区の面積は不定、種多様性は平均出現種数）。斉藤ほか（2004）による。

二十年後にアズマネザサの繁茂や照葉樹の増加によって、種多様性が低下したと指摘している（**表11・4**）。各調査区の調査面積が一定でないため、平均化された種数の有意性に問題が残るが、遷移によって常緑植物が増加し、それによって、種多様性が低下することを示している。

照葉樹の優占程度と種多様性の関係

照葉樹林化によって里山の種多様性が低下するということは、照葉樹林化の程度が進んでいる林分ほど、つまり、照葉樹の優占度が高い林分ほど、種多様性が低いのではないかという仮説を成立させる。前述した方法は同一地点での時系列の比較で照葉樹林化と種多様性の関連を明らかにするという正攻法だが、同時期に照葉樹林化の程度が異なった林分を比較することで、照葉樹林化と種多様性の関連を明らかにするという方法もある。

松村ほか（二〇〇七）は兵庫県東南部の北摂地域（三田市、宝塚市、川西市、猪名川町など）で、コナラ、アベマキ、クヌギなどが優占する夏緑型、およびコジイ、アラカシなどが優占する照葉型里山の八十八林

積算被度（%）	調査区数（区）	種多様性（種）	相観
2〜50	42	46.5（±11.3）	夏緑優占
51〜100	32	41.0（±10.7）	夏緑・照葉（下層）
101〜150	9	32.7（±13.0）	夏緑・照葉混交
151〜198	5	21.6（±7.5）	照葉優占

表11・5　常緑植物積算被度と種多様性の関係（兵庫県北摂地方の夏緑型・照葉型里山を対象、調査区の面積はすべて100㎡、種多様性は平均出現種数。松村ほか（2007）による。

分を調査し、百平方メートル調査区における常緑植物（照葉樹、ササ類など）の積算被度（六・二一％より一四八・七〇％）と、種多様性（調査区に出現する種数、本調査では十三種から七十七種が出現）には、有意なやや強い負の相関関係があると報告している（R＝−0.558、P＜0.001）。つまり、常緑植物が多く暗い林分ほど種多様性が低くなることを明らかにした。このことは、遷移の進行で照葉樹が多くなると、種多様性が低下することを間接的に示している。これらの結果をもとに、常緑植物の積算被度を四階級に分けて種多様性の平均値を算出すると、**表11・5**のようになる。遷移に置き直すと、種多様性は、明るい夏緑型里山段階の四十七種から四十一種、三十三種を経て、照葉樹林に達すると二十二種となり、明るい夏緑型里山の二分の一以下に低下することになる。

相観	群落名	調査区数（区）	除伐前の種多様性（種）	除伐1年後の種多様性（種）	除伐2年後の種多様性（種）
針葉型	アカマツ-モチツツジ群集	1	30	35	36
針葉型	アカマツ-ユキグニミツバツツジ群集	1	27	48	62
夏緑型	コナラ-アベマキ群集	1	50	71	69
夏緑型	コナラ-アベマキ群集	1	45	50	60
夏緑型	コナラ-オクチョウジザクラ群集	1	70	91	94

表11・6　照葉樹などの除伐による種多様性の変化（兵庫県下の針葉・夏緑型里山を対象、調査区の面積はすべて100㎡、種多様性は出現種数）。山崎ほか（2000）より。

照葉樹除伐による種多様性の回復

遷移の進行、照葉樹林化によって、種多様性の低下が生じているとすれば、照葉樹林への遷移を抑制、あるいは退行させること、つまり、照葉樹などを除伐すれば種多様性が回復する、という仮説が成り立つ。

服部ほか（一九九五）は、夏緑型里山で照葉樹などの除伐を行い、夏緑高林・環境高林（服部　二〇〇一）を育成する方式を提案している。この方式（のちに兵庫方式と呼ばれる）に基づき、山崎ほか（二〇〇〇）は兵庫県下の針葉型・夏緑型里山に調査区（一調査区の面積は百平方メートル）を設置して、照葉樹などの除伐後の種多様性の変化を調査した。除伐対象になった種は、ソヨゴ、ヒサカキ、アラカシ、カナメモチ、シャシャンボ、アセビ、サカキ、イヌツゲ、ネズミモチ、ヒイラギなどの照葉樹のほか、フジ、クズ、ミツバアケビ、アケビ、ナツフジ、アオツヅラフジなどのつる植物、コシダ、ウラジロに限ったシダ植物も含まれる。

除伐前後（約一年後に調査）の種多様性は**表11・6**に示したが、いずれも、種多様性は大きく増加、照葉樹の繁茂によって、種多様性がいかに低下させられているかよくわかる。ただ、種多様性の増加は一時的で、種多様性が直ちに低下する可能性もある。この問題に関して、山瀬ほか（二〇〇五）が兵庫県の里山の管理（照葉樹などの除伐）後九年間にわたって調査を継続、種多様性の変化を追跡。それによると、種多様性（一調査区・百平方メートルの出現種数）は、最低でも五年間、増加傾向が続き（長い林分では八年間）、その後も九年目まで横ばいで維持されるという。例えば、姫路市内のコナラ—アベマキ群集では、除伐前の三十八種より四十一、四十六、五十、五十八、六十四、六十七、六十九、七十二、七十三種と変化し、照葉樹などの除伐が種多様性の増加に長期的にも極めて有効であることがわかった。種の増加分に、夏緑林要素以外の外来種、マント群落要素、草原要素も含まれているが、それらの要素を除いても傾向は変わらない。遷移を抑制、あるいは退行させることによって、種多様性が回復するという仮説が証明されたということは、遷移を進行させると種多様性の低下につながることを前述の方法と同様、間接的に証明したことになる。

近畿地方や関東地方では里山の照葉樹林化が進行していて、それによって生物多様性が低下していることが明らかになった。今後は照葉樹林化にどの程度温暖化が影響しているのか、明らかにする必要があるが、近年の温暖化による遷移の加速については、里山に生育している照葉樹の成長量の解析などによって調査できるかもしれない。また、ある一定の気温上昇に対して、どの程度遷移が加速されたかという点については、気温上昇分に対応する、海抜差がある二地点の里山の照葉樹林化の程度を比較することによって、加速の程度を把握できる可能性がある。あるいは、照葉樹の生育限界域において、新たに侵入している照葉樹の成長量の解析という方法もあろう。今後、このような調査により、温暖化による里山の照葉樹林化への影響の程度を明らかにしたい。

参考文献

服部保　二〇〇一　環境高林　全国雑木林会議（編）現代雑木林事典　白水社　五四-五五頁

服部保・赤松弘治・武田義明・小舘誓治・上甫木昭春・山崎寛　一九九五　里山の現状と里山管理　人と自然6：一-三二頁

服部保・澤田佳宏・小舘誓治・浅木佳世・石田弘明　一九九六　都市林の生態学的研究Ⅰ　宝塚市ニュータウン内のオオバヤシャブシ—セイヨウイボタ群落　人と自然7：七三-八七頁

石田弘明・服部保・山戸美智子　一九九八　都市林の生態学的研究Ⅱ　三田市フラワータウンにおける緑化樹林の孤立二次林への侵入　人と自然9：二七-三二頁

松村俊和・服部保・橋本佳延・伴邦教　二〇〇七　北摂地域の萌芽林における常緑植物の植被率と種多様性・種組成　植生学会誌24：四一-五二頁

斉藤修・星野義延・辻誠治・菅野昭　二〇〇四　関東地方におけるコナラ二次林の20年以上経過後の種多様性及び種組成の変化　植生学会誌20：七一-八二頁

山崎寛・青木京子・服部保・武田義明　二〇〇〇　里山の植生管理による種多様性の増加　ランドスケープ研究63（五）：四八一-四八四頁

山瀬敬太郎・服部保・三上幸三・田中明　二〇〇五　兵庫方式による里山林の植生管理がその後の種多様性と種組成に及ぼす効果　ランドスケープ研究68（五）：六五五-六五八頁

房総半島の植物相に見られる異変

中村俊彦

千葉県特産の果樹として、ナシとビワが知られている。いずれもバラ科に属し、二〇〇五年統計の生産額で、ナシは全国第一位、ビワは第二位。ナシは冷温帯性の落葉広葉樹で、四月に開花、実をつけて九〜十月に収穫される。房総南部で栽培されているビワは、暖温帯性の常緑広葉樹で、ナシの収穫後の十一月から花を咲かせて、冬から春に果実をつけ、六月ごろに収穫される。春から秋、秋から春と、まさに季節の表裏を生産に振り向けられる千葉ならではの自然の豊かさと生物多様性の恵みと言えよう（図12・1）。

常緑広葉樹林と落葉広葉樹林の移行帯

房総半島は暖温帯域であるが、北部域と南部域とでは、気候、地形、植生が大いに異なる。北部域は

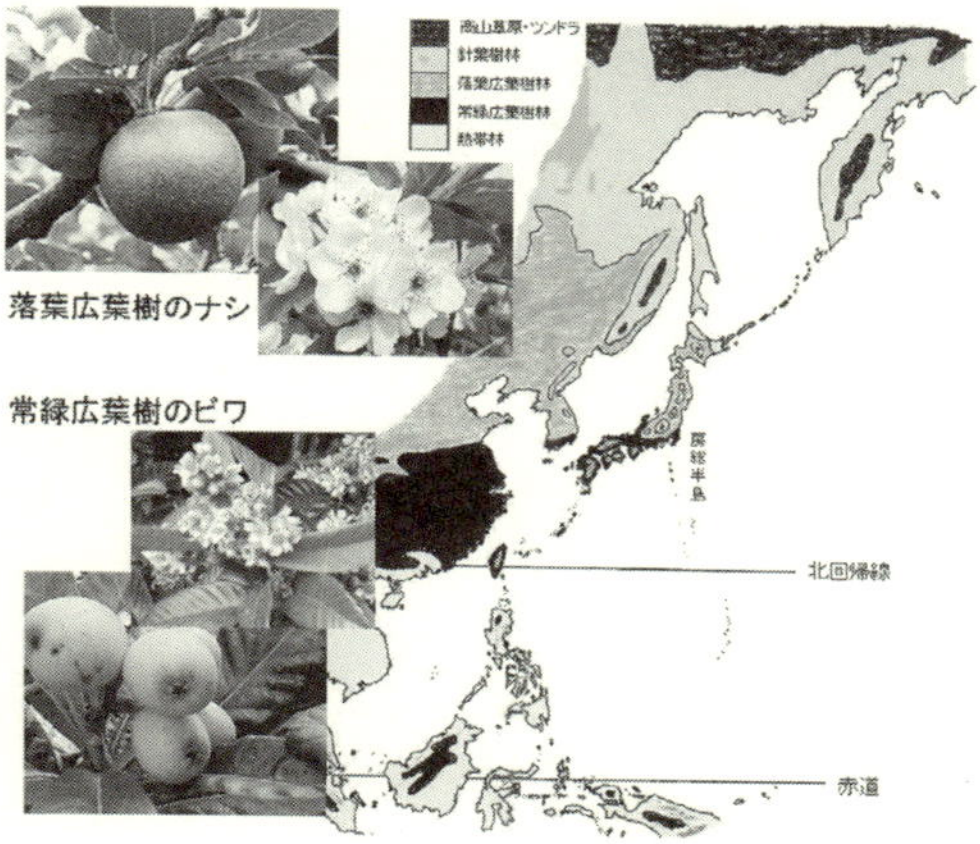

図12・1
日本列島の植生と千葉で生産が盛んな冷温帯性落葉広葉樹のナシと暖温帯性常緑広葉樹のビワ。ともにバラ科の樹種であるが千葉県での原種の自生はない。

標高二十〜八十メートルの洪積台地と沖積低地で覆われ、台地に低地が樹枝状に入り込む谷津地形が多い。地盤は主に、海成の砂層と粘土層とが交互に水平に重なって、多量の地下水が含まれ、湧水も多い。平均気温は一四〜一五℃、年降水量は千三百〜千六百ミリ。南部域は、東側が太平洋、西側は東京湾外湾に面し、大半は堆積岩からなる丘陵地形が広がる。標高は二百〜四百メートルで、最高は愛宕山の四百八メートル。しかし、丘陵を形成する比較的柔らかな基盤は、急峻で谷深い地形をもたらした。南部域の平均気温は海岸部では一五・五℃を超えるが、内陸部では一三・五℃を下回る。年降水量は千五百ミリ以上で清澄山系では二千二百ミリに達する。

常緑広葉樹林を代表する樹種として、タブノキ、スダジイ、アカガシなどの高木のほか、ヤブツバキやカクレミノの中低木、また、ホソバカナワラビやヤブコウジなどの草本植物が挙げられる。県木に指定されているイヌマキも、千葉県を北限とする常緑樹で、近年、南部域で栽培が盛んなビワも、中国大陸南部から南日本に分布する常緑広葉樹。ただ、原種のビワは県内に自生していない。房総半島南部の海岸には、亜熱帯性のハマオモトの分布も見られる。

北部域には冷温帯性のコブシやウワミズザクラ、またイヌシデ、コナラ、ケヤキの落葉広葉樹林（夏緑樹林）が多い。北部域で多く栽培される落葉広葉樹果樹のナシの原種であるヤマナシは、ビワ同様、県内の自生はない。また丘陵地の渓谷沿いは、冷温帯性のフサザクラなどの落葉広葉樹が優占する林も多い。

房総丘陵の山頂や尾根付近ではヒメコマツ、ヒカゲツツジ、スズタケといった一般に標高千メートル前後の山地帯に生育する植物が見られる。これは、数万年前の寒冷期に低地に生育していた種が、その後の温暖化で高所に移動した際、高い山がない房総半島でかろうじて丘陵の山頂付近に残存した、いわば「寸づまり現象」と解釈されている（沼田　一九七五）。このような寒冷期の残存的植物は北部域にも多い。

房総半島の平坦な地形、温暖な気候、豊かな水環境のもとで、落葉広葉樹林と常緑広葉樹林、スギやヒノキ、マツ類の針葉樹林、さらに、竹林という多様な樹林が存在し、その人為的な管理・活用の妙もあって、多様な里山林を形成した。この里山林をはじめ、田畑や草地、湿原などからなる様々な植生のモザイクセットの構造は、豊かな生物多様性を包含する「里やま」をもたらした（中村　二〇〇四）。このような自然条件の千葉県内で生育が確認されている植物は、現在、約二千八百種に達する（千葉県史料研究財団　二〇〇三）。

図12・2
近年、日本南部で分布を広げている熱帯〜亜熱帯産の毒キノコのオオシロカラカサタケ（写真・吹春俊光）。

南方系植物の侵入と生育の拡大

二〇〇〇年一〇月、千葉市の都市公園で見なれない大きなキノコが発見された。これは、オオシロカラカサタケという毒キノコで、元来、熱帯から亜熱帯に分布するが、館山市で一九九一年に発見されたという記録がある（**図12・2**）。二〇〇〇年以降、このキノコは県内で毎年記録されるようになり、その後は、群馬県や石川県でも見つかっている（吹春 二〇〇六）。

最近、都市域を中心にシュロが多く見られる（**図12・3**）。原産地は九州南部とされる。関東地方でも昔から縄、ほうき、敷物の材料にするため、植栽されていたが、近年、野生化して次第に拡大、北上する傾向にある。この主たる原因は、都市のヒートアイランド現象を含む温暖化の影響と考えられるが、同時に、ヒヨドリやムクドリなど都市周辺で増加している鳥類の種子散布もかなり関与していると見られる。同様に、植栽される暖温帯性のサンゴジュやクスノキのように、本来は千葉県には分布しない種の実生が、最近、北部域でも育っている。

図12・3
都市域を中心に野生化し分布が拡大しているシュロ。

栽培逸出種を含む千葉県内で発見された帰化植物は約五百種（天野　二〇〇三）で、特に、一九八五年以降、増加が顕著。外来動物同様、帰化植物は生態系を攪乱するとして、いくつかは特定外来種に指定されている。一九九〇年に印旛沼の鹿島川河口付近で初見されたナガエツルノゲイトウ（**図12・4**）がその後増加し、ヨシやマコモの抽水植物群落の中のみならず、最近では、周辺の水田・水路にまで拡大している（白鳥　二〇〇六）。この種は南米原産のヒユ科の植物だが、現在は中国南部など世界中に帰化し、強害雑草となっている。このように近年、多くの熱帯、亜熱帯性の植物が侵入ないし、栽培逸出して、越冬、拡大するケースが多く見かけられる。

二〇〇七年に報告された千葉県の新たな帰化植物七種にも、二種（ヒサウチソウ、ハリゲナタネ）は地中海原産、他の五種（アメリカミズユキノシタ、クルマバヒメクグ、ヒメナンヨウカヤツリ、ナガミイッスンガヤツリ、アキマルニワゼキショウ）は熱帯から亜熱帯が原産地である（大場・木村　二〇〇七）。

温暖化の影響は、生物分布の北上とともに植物の開花時期の変

図12・4
沼の水辺や水田にも繁茂するようになった南米原産の特定外来種ナガエツルノゲイトウ（写真・小倉久子）。

化にも現れている。特に、一九八〇年代以降、ソメイヨシノやタンポポの開花が早まる半面、カエデの紅葉の遅れ傾向も顕著になってきた（生物多様性JAPAN事務局 二〇〇七）。銚子のソメイヨシノの開花は、かつて、三月三十一日前後だったが、近年、十日以上早い年もあり、また、秋のイチョウの黄葉も最近は十二月からの年が多い（**表12・5**）。

氷期残存種などの北方系植物の危機

月平均気温の五℃を基準にした温量指数、すなわち暖かさの指数（WI）と寒さの指数（CI）は、植物の生育期の熱量の指標として、植生分布との密接な対応が知られている（吉良 一九七六）。暖かさの指数（WI）および寒さの指数（CI）は、それぞれ以下の式で示される。WI＝Σ（α－5）、αは月平均気温が五℃を超える月の平均気温。CI＝Σ（5－β）、βは月平均気温が五℃を下回る月の平均気温。IPCC 二〇〇一年報告書の排出シナリオSRES-A2に基づく気候変化シナリオRCM20（二

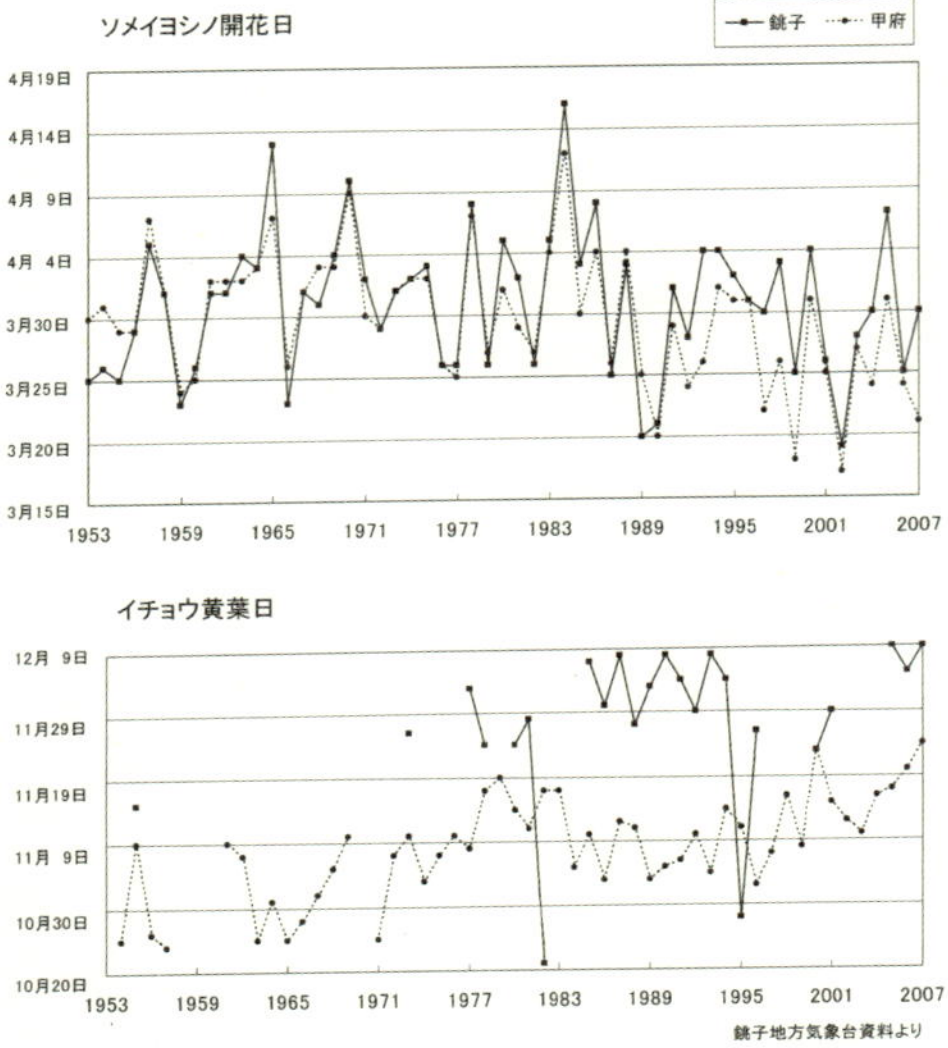

図12・5
銚子と甲府でのソメイヨシノの開花日とイチョウの黄葉日の経年変化。

○八一～二一○○年）を用いた将来予測では、現在より全国の平均気温が二・九℃上昇し、暖かさの指数は二三℃・月の上昇となる（田中ほか　二○○六）。

日本列島の現在のWIは三・○～二○九・六だが、RCM20シナリオでは、六・二～二三五・九となる（**図12・6**）。房総半島では現在WI＝一二○の線があり、これが北部を中心とする内陸域と南部海岸域とを分けている。RCM20シナリオでは、房総半島のほぼ全域がWI＝一四○を上回り、現在の九州南部の海岸域とほぼ同じ気候条件になると推定される。さらに、房総半島南部では、WIが一六○を超える部分も出現する。一方、CIは現在、マイナス一三七・六～○の範囲にあるが、RCM20シナリオでは、日本全域はマイナス一○八・二～○となる。現在の房総半

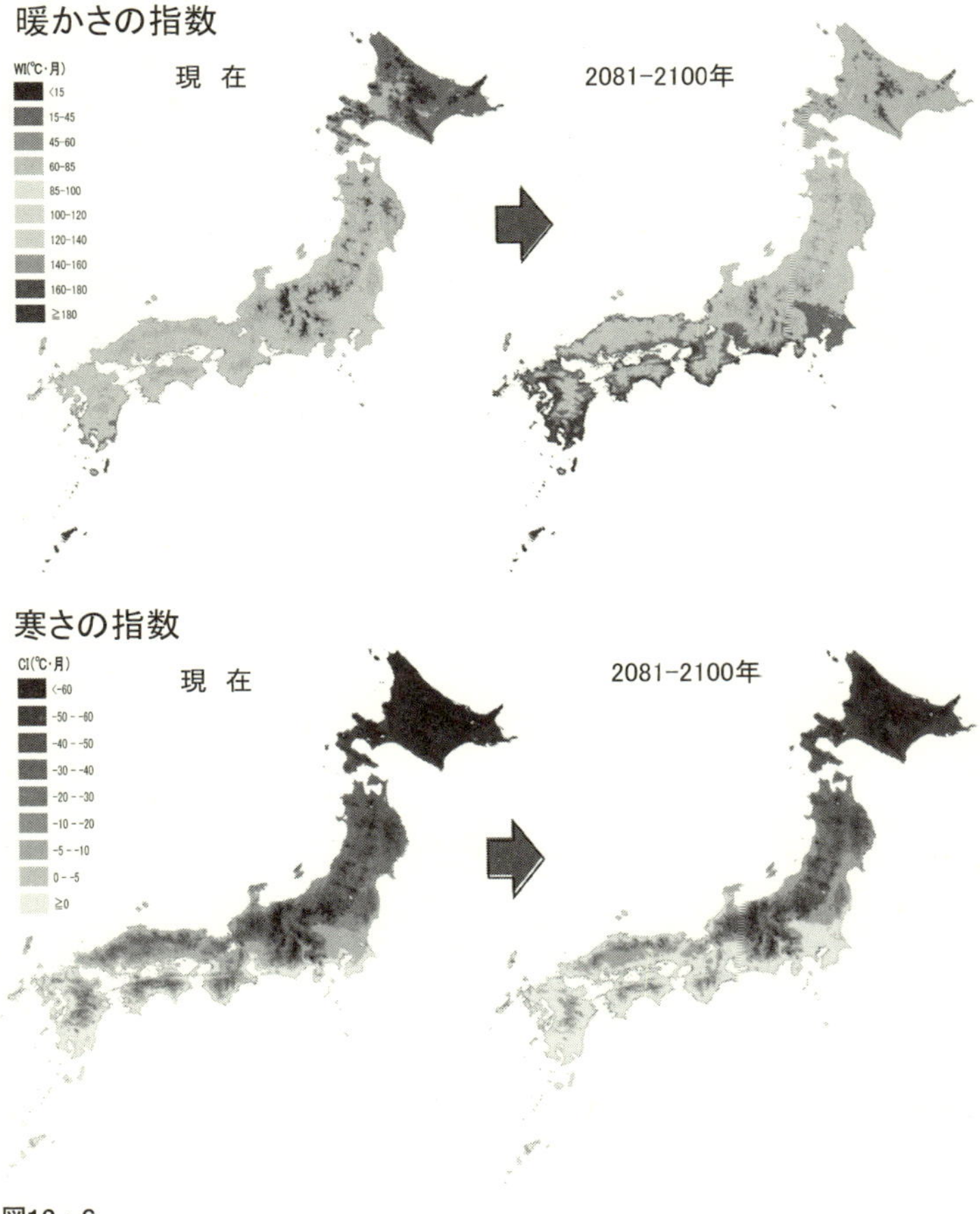

図12・6
IPCC2001年予測に基づく日本列島の暖かさの指数（WI）と寒さの指数（CI）の将来変化。

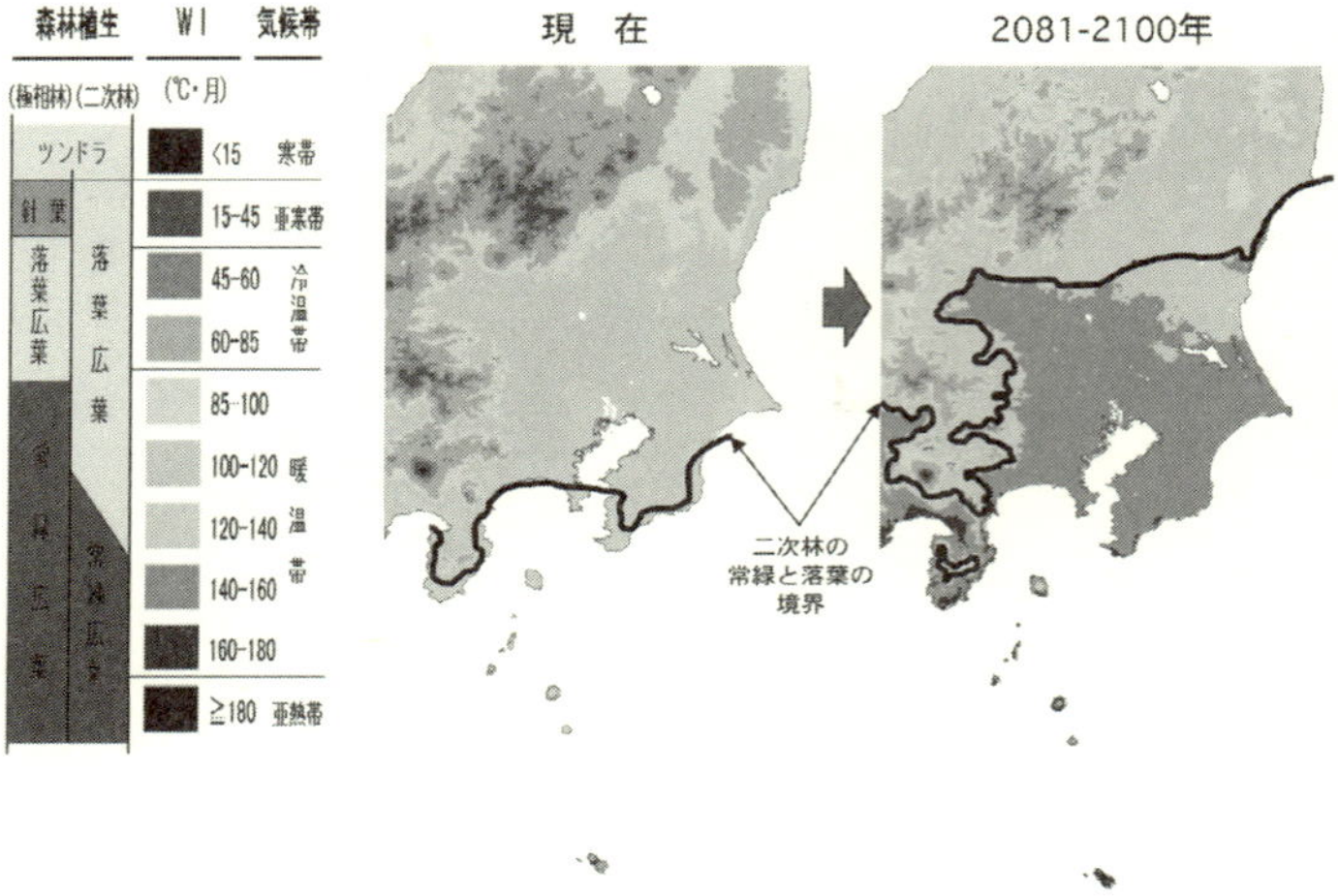

図12・7
暖かさの指数（WI）と森林植生および気候帯との関係と関東地方におけるWIの将来変化と二次林の落葉・常緑境界の変化予測。

島ではCI＝〇の線は、WI＝一四〇の線と接近し、この状況から北部および内陸域と、南部の海岸域での気候の相違が見て取れる。しかし、RCM20シナリオだと、房総半島では、CI＝〇の線は見られなくなり、月平均気温が五℃を下回る場所はなくなる。

気候帯との対応については、WIの八五～一八〇が暖温帯の気候に相当し、八五以下は冷温帯、また、一八〇以上は亜熱帯の気候となる（**図12・7**）。そして、暖温帯域の植生については、極相林のすべてが常緑広葉樹林とされている。しかし、その二次林植生では、北部域で落葉広葉樹が優占し、南部では常緑広葉樹が優占する状況にある。この常緑と落葉の境界は、関東地方においては、CI＝〇の線（磯谷　一九八九、一九九四）、また、WIが一二〇～一四〇の線（中村ほか　二〇

図12・8
房総丘陵の尾根沿いに分布するヒメコマツ。氷期の残存種で最近著しい減少傾向にある（写真・尾崎煙雄）。

〇七）とほぼ一致する。そしてRCM20シナリオによる将来予測では、この常緑二次林と落葉二次林の境界は、関東北部に移動し、従って房総半島では極相林だけでなく、将来は二次林も全域的に常緑広葉樹が優占し、落葉広葉樹林の成立は困難になると予測される（中村ほか　二〇〇七）。

この常緑林への変化のメカニズムにおいては、高木樹種の温量指数との対応とともに、冬期最低気温の上昇によって常緑の低木・亜高木種が落葉樹林に入り込み、落葉樹の更新を阻害するといった要因も想定される（大澤　二〇〇三）。

このようにして予測される落葉広葉樹林の消失は、樹木のみならず、その森林に依存、または関係する多くの動植物の生存基盤を脅かす。千葉県の保護上重要な野生生物植物編（千葉県自然保護課　一九九九）には、六百八十二種が保護上重要な野生植物としてリストアップされ、その分布・生態に関する情報も集約されている。これらの種の地理的分布状況を調べると、千葉県が分布の南限や北限になっているものも多い。そして、分布限界地でないにしろ、明らかに北方や山地性の植物も多く、シダ植物で二十一種、種子植物では百九十一種にのぼる。一方、分布の北限を含め、分布の中心が千葉県より南方のシダ植物は四十七種、種子植物では百六十七種あった。植物が生育の危機に瀕する理由は複合的で、種によっても異なるが、北方系の植物にとって、温暖化の影響はとりわけ厳しくなると予想される。

氷期の遺存種であるヒメコマツは、標高百二十〜三百五十メートルの房総丘陵に、約八十本だけ生育する千葉県の最重要保護生物だ（図12・8）。房総の生育地はヒメコマツにとって標高の下限になるが、マツ材線虫病やがん腫病、シカの採食圧などの被害によって一九七〇年以降、急激に減少。特に、一九九四年夏の高温・少雨の後には、高宕山系で大量の枯死があった。現在、その保護に向けて分布・動態のモニタリングや生理・生態の研究が進められているが、個体密度が減少したため、自殖が増え、不稔種子が多くなったという実態が判明。このような基礎的研究とともに、人為関与を最小限にしながら、人工交配による種子の稔性の回復、苗木の植栽など、ヒメコマツの保護・増殖に向けた具体策の検討が行われている（尾崎ほか　二〇〇五）。

ヒメコマツのほか、房総半島に分布・生育する氷期の残存と考えられる植物は、房総丘陵に生育する、カツラ、イヌブナ、ヒカゲツツジ、また、北部域の湿地に生育する、ミツガシワ、ムジナスゲ、ズミ、北部の落葉樹林に生育する、カタクリ、フクジュソウ、キクザキイチゲ、イカリソウ、ヤマエンゴサクなど。いずれも開発による生育地の破壊や汚染、また里山林の人為的管理の減少による遷移の進行によって千葉県での絶滅が危惧されている植物だが、今後、温暖化の影響によって、さらにその深刻さが増すと考えられる。

温暖化は農業にも、大きな影響をもたらすと見込まれる。イネについては、最近、白未熟粒などの高温障害が東北以南の広い地域で報告されている。また、今後、平均気温三℃の上昇を想定すると、東北地方以南では、広域的に品質低下や収量の減収が予測されるが、千葉県でのコメ収量は、十アール当たり六十〜百キロの減収と見積もられている（鳥谷　二〇〇七）。このほか、温暖化影響はキャベツやピーマンなどの野菜にも及ぶが、ナシやブドウのような落葉性の果樹、落葉樹の緑化木などへの影響は特に大きくなると見られる。

材木資源として重要なスギに関しては、温暖化シナリオ（二〇八一〜二一〇〇年）に基づく蒸散降水比（年蒸散量ミリ／年降水量ミリ）の予測がなされている。その結果によれば、将来、関東平野はほぼ全域が〇・三五以上となりスギの生理的ストレスが高まるうえ、生育不適閾値の〇・五以上の地域も、千葉県北部域などに広がると予測されている（松本ほか　二〇〇六）。温暖化による農林業への影響は、気温上昇による作物や林産木への生理的障害だけではなく、生態的な影響、すなわち雑草や害虫の発生などを通じての影響が強まることも想定される。

温暖化により、現在、房総半島南部にとどまっている動植物が今後、県北部へ広がり、従来分布していなかった新たな生物が南から侵入する状況が想定される。また、氷期の残存種や北方系の種には、より北方や高所への移動を強いられる。しかし、急激な温暖化は、移動力の小さい植物にとっては致命的であり、絶滅する種も多いと考えねばならない。

参考文献

天野誠　二〇〇三　移入植物（侵入植物）千葉県立中央博物館（監）野の花・今昔　うらべ書房　一三二―一三五頁
千葉県自然保護課（編）一九九九　千葉県の保護上重要な野生生物植物編　千葉県
千葉県史料研究財団（編）二〇〇三　千葉県の自然誌別編4千葉県植物誌　千葉県
吹春俊光　二〇〇六　きのこ物語・地球温暖化とオオシロカラカサタケ　グリーン・パワー二〇〇六・一号　一六頁
磯谷達宏　一九八九　南房総地域における常緑および夏緑広葉樹二次林の分布とその成因　東北地理　41（四）：二二五―二四二頁
磯谷達宏　一九九四　伊豆半島南部の小流域における常緑および夏緑広葉二次林の分布とその成立要因　生態環境研究　1（一）：一五―三一頁
吉良竜夫　一九七六　陸上生態系　共立出版
松本陽介・重永永年・三浦覚・長倉淳子・垰田宏　二〇〇六　温暖化に対するスギ人工林の危弱性マップ　地球環境11（一）：四三―四八頁
中村俊彦　二〇〇四　里やま自然誌　マルモ出版
中村俊彦・田中信行・津山幾太郎　二〇〇七　気候変化にともなう日本列島の温量指数の変化と房総半島付近の植生変化予測　生物多様性ちばニュースレター6：一―三頁
沼田眞　一九七五　千葉県の植生の概要　千葉県生物学会（編）新版千葉県植物誌　井上書店　二七―三一頁
大場達之・木村陽子（編著）二〇〇七　千葉県植物誌資料23　千葉県植物誌編集同人
大澤雅彦　二〇〇三　植生、森林と気候変化　吉野正敏・福岡義隆（編）環境気候学　東京大学出版会　三三七―三五二頁
尾崎煙雄・藤平量郎・池田裕行・遠藤良太・藤森範子　二〇〇五　垂直分布下限のヒメコマツ　森林科学45　六三―六八頁
生物多様性JAPAN事務局　二〇〇七　生物季節データ　生物多様性JAPAN事務局（編）二〇〇七・一〇・シンポジウム「地球温暖化と生物多様性」：八八―九〇頁

島谷均　二〇〇七　地球温暖化による日本人の主食「コメ」への影響　農業・食品産学技術総合研究機構農村工学研究所（編）農学農村工学会公開シンポジウム「地球温暖化と農業資源」：三九-四六頁
白鳥孝治　二〇〇六　生きている印旛沼　崙書房出版
田中信行・松井哲哉・八木橋勉・垰田宏　二〇〇六　天然林の分布を規定する気候要因と温暖化の影響予測——とくにブナ林について　地球環境　11（一）：一一-二〇頁

六甲山におけるブナの衰退

服部　保
栃本大介

二百万人以上が生活する神戸市から、芦屋市、西宮市、宝塚市に至る大都市圏の背後に、屏風のようにそびえる都市山・六甲山（服部ほか　二〇〇七）。東西三十キロ、南北十キロと規模は小さいながら、標高九百三十一・三メートルの立派な山岳である。

瀬戸内海から立ち上がる六甲山は、千メートル近い高度差があるため、山頂部と山麓部では気温差六℃、年降水量差千ミリが示すように気候条件が大きく異なり、七百五十メートルを境として、上部の冷温帯と下部の暖温帯という二種の気候帯を持つ。地形を見ると、急傾斜の山地から、準平原、段丘、丘陵、沖積低地など多様で、地質も花崗岩だけでなく、有馬層群、丹波層群、神戸層群、大阪層群などの各種の地層が広がり、それらの中に断層が多く走っている。さらに、近畿地方の中央部という地理的位置の特性も加わり、立地条件は複雑。このような条件を反映して、小規模な都市山でありながら、六甲山の生物相は極めて多様だ。

No.	種群	六甲山への分布経路	種名	その他
1	山陽系	山陽道周辺	オキナグサ、タカトウダイ、ツチグリ、アキニレ、ノグルミ、コナラ	満鮮要素
2	中国山地系	中国山地より	トキワイカリソウ、ヒメモチ、ユキグニミツバツツジ	日本海要素
			ブナ、イヌブナ、タムシバ	冷温帯要素
3	北方系	背梁山脈を南下	サギスゲ、ミカヅキグサ	湿原生
4	紀伊山地系	紀伊山地より	ヒメクロモジ、ヤマアジサイ、ヤブウツギ、ミヤコザサ、スズタケ	冷温帯要素
5	南紀系	紀伊半島南端より 太平洋・大阪湾沿い	アラカシ、ヒサカキ、カナメモチ	照葉樹林要素
			モチツツジ、カキノハグサ、マルバウツギ	暖温帯要素
6	港系	神戸港など港より	マメグンバイナズナ (昆虫ではキベリハムシが該当する	外来種

表13・1　六甲山の植物群

植物歴史地理的に見た六つの分布群

六甲山の植物相に関しては、小林ほか（一九九八）によってまとめられている。それをもとに、六甲山の現在の植物相を植物歴史地理的な視点から見ると、①山陽系、②中国山地系、③北方系、④紀伊山地系、⑤南紀系、⑥港系に大別できる（**表13・1**、分布経路は**図13・1**）。

①山陽系には、オキナグサ、タカトウダイ、フナバラソウ、ツチグリ、ヒメユリ、マツムシソウ、イヌハギ、マキエハギ、クサフジ、ツルフジバカマ、オオバクサフジ、ミシマサイコ、ノダケ、カワラボウフウなどの草本植物のほか、アキニレ、ノグルミ、コナラ、ミズナラ、コゴメウツギ、サンショウ、ムラサキシキブ、アカシデ、ノリウツギ、マユミなどの夏緑樹が含まれる。山陽系の種の多くは、満鮮要素（村田　一九七七）に含まれる。これらの種は氷河時代に朝鮮半島を経て、日本国内に広がったと推定され、

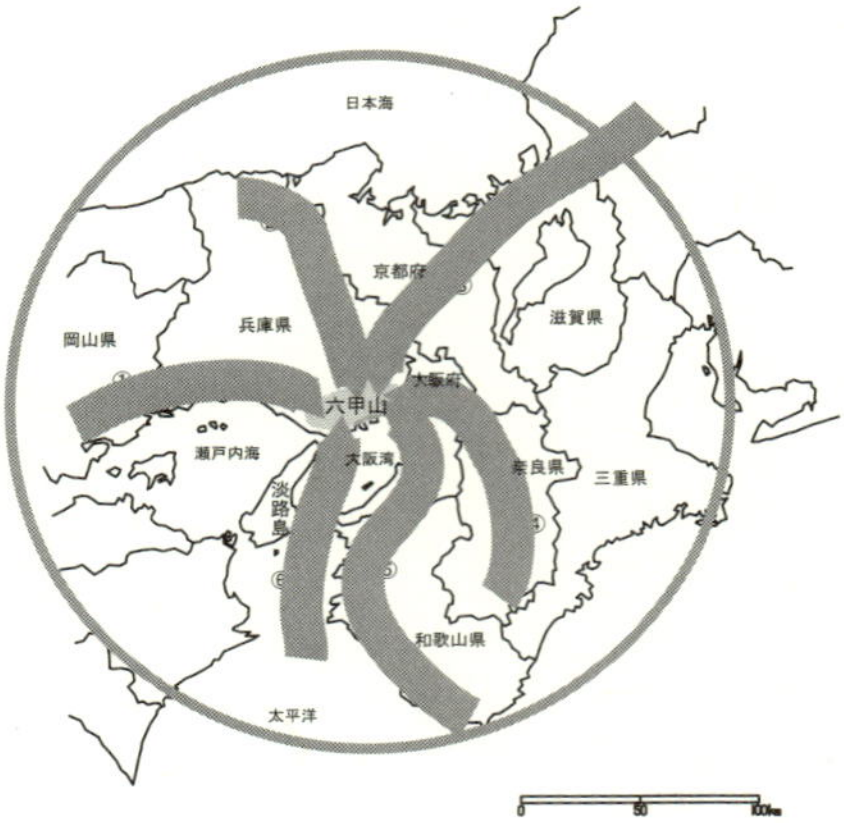

図13・1　六甲山への植物群の分布経路
①：山陽系、②：中国山地系、③：北方系、④：紀伊山地系、⑤：南紀系、⑥港系
円は六甲山を中心として半径150キロ。

最終氷期最寒冷期には六甲山の低地部において樹林（コナラ−ミズナラ林）や草原を構成していたと考えられる。

②中国山地系には、日本海要素と呼ばれる多雪条件に適応したトキワイカリソウ、チマキザサ、ヒメモチ、アオキ、ツルシキミ、タニウツギ、イワナシ、ユキグニミツバツツジなどのほか、ブナ、イヌブナ、タムシバなどの種が含まれる。中国山地系は最終氷期最寒冷期には、中国山地の日本海側低山部に制限されていたが、後氷期の温暖化と多降水量化が始まりかけたころ（約一万年から七千年前）、氷上回廊などを通って、六甲山へ南下してきた種群。外気温と比較して暖かな積雪下でしか越冬できなかったトキワイカリソウ、イワナシ、ヒメモチ、アオキなどの常緑植物は、温暖化が始まると、積雪のない低地部でも生育可能となる。本来、夏緑林下に生育しているこれらの植物が、日本海側の低地部の照葉樹林下にも現在生育していることは、この状況を示す。日本海側から太平洋側へ抜ける低地があれば、日本海要素の太平洋側への分布拡大が当然考えられるが、

そのような低地帯は近畿地方にだけ存在する。日本海側の低地部と瀬戸内側の低地部を海抜百メートル以下の沖積地で結ぶ氷上回廊は、これらの植物の南下には好都合だったに違いない（服部 二〇〇七）。照葉樹であるアオキを南紀系とみなしていたが（服部 一九八五、二〇〇二）、日本海側におけるアオキの遺伝的多様性などを考えると、近畿地方のアオキは後氷期に日本海側から南下したと考えた方が理解しやすい。

③北方系には、サギスゲ、ミカヅキグサなどの湿原生植物が含まれる。北方系は氷期に背梁山脈を南下し、六甲山に到達したと考えられる。

④紀伊山地系には、ヒメクロモジ、ヤマアジサイ、ヤブウツギ、シロヤシオ、ミヤマナミキ、ホソバテンナンショウ、ミヤコザサ、スズタケなどが含まれる。紀伊山地系は最終氷期最寒冷期には、紀伊半島の低山部に分布し、後氷期の中国山地系が南下した時期と同じころ、金剛山地、生駒山地の山麓部を経由して、六甲山に分布拡大をとげた種群。六甲山のブナ林は、表日本型、裏日本型双方のブナ林構成種を持つ特異なブナ林だが、それは、**図13・1**に示されているように、六甲山の地理的な位置が両者の中間にあることに由来する。

⑤南紀系には、アラカシ、アカガシ、ウラジロガシ、コジイ、スダジイ、ヒサカキ、ヤブツバキ、サカキ、カナメモチ、ネズミモチ、マンリョウ、ヒイラギ、ヤブラン、ジャノヒゲ、マヤラン、シュンラン、エビネ、ベニシダ、オオイタチシダなどの照葉樹林構成種のほか、カキノハグサ、モチツツジ、マルバウツギなどが含まれる。温暖な気候を生育適地とする南紀系は、最終氷期最寒冷期の約二万年前は

紀伊半島の南端に避難し、後氷期の温暖化とともに分布を拡大し始め、約七千年から六千年前に六甲山に到達した種群（服部 一九八五）。この種群は六甲山地から加古川の低地を北上し、氷上回廊を越えて日本海側に入り、さらに、由良川低地を下って若狭湾に到達している（服部ほか 一九八七）。

⑥港系には、マメグンバイナズナなどの外来種が含まれ、明治以降、海外からの荷物などに紛れて港から侵入した種である。六甲近辺で最初に発見された外来種は少ないが、他地域で最初に記録された外来種が六甲近辺で古くから定着している外来種の中に含まれるものは多い。

植生の変遷

最終氷期最寒冷期は、現在より七℃ほど気温が低下していたと言われるが、七℃の気温低下は約千二百メートルの垂直分布の下降を意味する。この垂直分布の下降を考慮して、当時の六甲山の垂直分布を推定すると、海抜約三百メートルを境として山麓に夏緑林、山地に亜高山針葉樹林が成立したと考えられる。この時期は約百メートル海面が低下したとされていて、そのため、瀬戸内海は陸化し、百メートルほど海抜の高くなった四国山地と中国山地に囲まれた「瀬戸内域」は、現在以上に乾燥していたと考えられる。このことから、夏緑林もブナ型ではなく、乾燥に強い②の種群を構成種とするナラ型のコナラ―ミズナラ林が成立していたと推定でき、亜高山針葉樹林の構成種としては、現在では六甲山に分布していないコメツガ、トウヒなどの針葉樹が、また、湿原にはサギスゲ、ワタスゲ、ミカヅキグサ、ミズバショウなどの北方系の植物も多数生育していたと思われる。降水量が少ない乾いた立地には、オキナグサ、ツチグリ、マツムシソウなどの満鮮要素を構成種とするステップに似たススキ草原が広がっていた可能性もある。

最寒冷期が終わり、温暖化と多降水量化が本格化する約九千年から七千年前、六甲山の低山部では、ナラ型から④、⑤の種群が優占するブナ型の夏緑林に移行した（前田　一九八〇）。さらに、温暖化が進む約七千年から六千年前には、紀伊半島南端に避難していた照葉樹林は分布拡大を続け、六甲山麓から山頂近くの七百五十メートルにまで達した。夏緑林は照葉樹林に追われるように山頂部に移り、亜高山針葉樹林は夏緑林に押し出されて消滅。五千年前の縄文海進期は、現在よりも気温が一℃から二℃上昇したと報告されているが、二℃の上昇とすると、照葉樹林は海抜千八十メートルまで分布可能となって、九百三十一メートルの六甲山から、夏緑林は追い出されてしまうことになる。従って、ブナの残存を考えると、高温期の気温上昇は一℃以下であったと思われる。一℃ならば、照葉樹林は海抜約九百メートルまでの広い地域に、夏緑林は約九百メートルから九百三十一メートルまでのわずかな地域にかろうじて生き残ることができたということになる。

その後の気温低下によって、照葉樹林と夏緑林の境は高温化前の七百五十メートルに下がり、この状態が二千年前ごろまで持続されるが、近畿地方で弥生時代が始まる二千年前以降は、原生林の破壊が続く。照葉原生林は社寺林として残されたごくわずかな林分を除き、すべて破壊されて里山となり、その里山も江戸時代以降はげ山化する。夏緑林も里山化し、原生状態の夏緑林は消滅したが、山頂部に近い夏緑林は照葉樹林よりも伐採・利用の頻度も低く、降水量も多かったため、ブナの小林分や孤立木は今日までかろうじて生き延びることができたと思われる。

ブナ林の衰退と温暖化

里山化が始まる以前のブナ型夏緑林は、海抜七百五十メートル以上で成立していて、その分布面積を算出すると、約七百ヘクタールになる。少なく見積もって、百平方メートルに二個体のブナが生育していたとしても、その当時のブナの個体数は約十四万となるが、縄文海進期の高温と、人による伐採という苦難を乗り越えて生き延びた六甲山のブナは現在、何個体生育しているのだろうか。

私たちは二〇〇五年に多くの市民の協力を得て、六甲山のブナの個体群調査を開始した。その結果、六甲山のブナは、アカマツ林などの里山に孤立的に生育し、その個体数は、幼木も含めて（実際には幼木、実生が欠落しているのだが）、往時のわずか〇・一％以下の百二十個体（株）、密度は一ヘクタール当たり〇・二個体であった（栃木ほか　二〇〇六、二〇〇七）。萌芽しにくいとされているブナが六甲山では、イヌブナのように多くの萌芽幹（平均四本）を持って株立ちしているのは不思議な現象だが、ここに伐採に耐えながら、萌芽によって個体群を維持してきた様子がよく見て取れる（調査結果の樹高階分布、胸高直径階分布、海抜階分布は**図13・2**に示した）。

樹高階分布では最大は、二十メートルで、十六～十八メートルをピークに、大半の個体は十メートルを超える。二メートル以下の幼木は四個体と、極めて少なかった。胸高直径階分布では、最大は八十七センチで、十センチ以下の個体も萌芽幹を除くと、樹高階分布と同様、ごく少なかった。海抜階分布では七百五十メートル以上、特に八百～八百五十メートルに多かった。七百五十メートル以下には一個体だけで、ブナの分布域は七百五十メートル以上であることが確認された。ブナの分布地の方位は北側、傾斜は急傾斜地が多かったが、これは、人の利用が南側や穏傾斜地で激しかったためだろう。

　ブナの個体群調査の結果、前述のように、二メートル以下の幼木は四個体しか確認されなかった。種

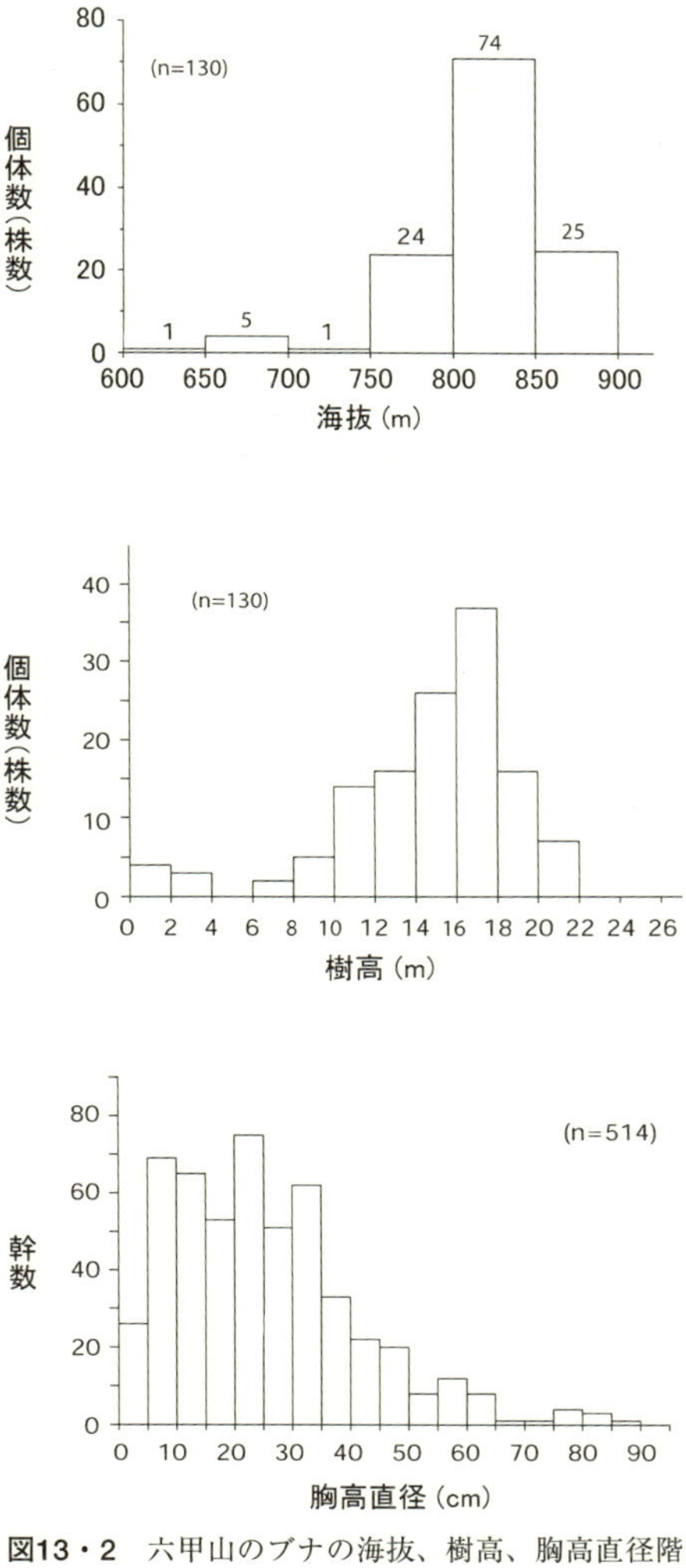

図13・2　六甲山のブナの海抜、樹高、胸高直径階分布

	20,000年前	10,000～8,000年前	7,000～6,000年前	5,000年前	4,000～2,000年前	2,000～1,000年前	1,000～100年前
低地	夏緑林（ナラ型）	夏緑林（ブナ型）	照葉樹林	照葉樹林	照葉樹林	里山	はげ山
山地	亜高山針葉樹林	亜高山針葉樹林	夏緑林（ブナ型）	夏緑林（ブナ型）	夏緑林（ブナ型）	里山	里山
境界海抜*	300m	500m	750m	900m	750m	—	700～800m

*現在の海抜で示した。

表13・2　六甲山の植生変遷

子生産を見ると、毎年わずかながら着果はするものの（二〇〇五年に着果した個体の割合は一七％）、熟果まで至らないことが多い。一九九三年にやや多量の種子ができたが、それ以降の十四年間はまったくと言っていいほど結実していない。太平洋側のブナは、結実率が低いと言われているが、十四年間の長期にわたって結実しないという例も稀だ。百三十個体という低密度の小個体群であることによる花粉生産量、飛散量、他家受粉機会の少なさが、結実に大きくかかわっているほか、夏緑林の下限域というブナにとっては適地ではないところに分布していることも後継樹が育たない主な要因だろう。現在、六甲山において生態系への温暖化の影響はまだ報告されていないが、温暖化が進んでいるとなると、夏緑林と照葉樹林の境界域である海抜七百五十メートル前後の地帯において、夏緑林構成種の衰退と照葉樹林構成種の繁茂という現象が発生しているはずだ。この現象を確認するには海抜七百五十メートル前後において、ブナの個体群調査だけでなく、照葉高木のカシ類の個体群調査を行う必要がある。両者を比較して、ブナの衰退とカシ類の繁茂が確認できれば、温暖化は確実に進行していると言える。今回の調査はブナだけなので、ブナの後継樹がないこと、ブナの結実が過去十四年間認められないことなどによって、ブナの衰退の方向を確認したに過ぎない。降水量の変化、病害虫の発生（特に発生した形跡は近年ないが）などの他の要因によって、ブナが衰退した可能性もあるから、カシ類の繁茂が確認されるまで、温暖化が確実に進んでいるとは言えない。今後、境界域において、ミズナラなどの他の夏緑樹や照葉樹の個体群調査を行って、温暖化の状況を明らかにしたい。

今後、温暖化が進み、現在よりも気温が一・一℃上昇すると、六甲山から、ブナだけではなく夏緑林を構成する②中国山地系、④紀伊山地系などの多くの植物が消滅あるいは衰退する。海抜七百五十メートル以下では照葉樹林化が加速するので、里山や草原を構成していた①山陽系が消滅するか、激減する。結果として、六甲全山に、里山内で伐採に耐え抜いたヒサカキ、アセビ、ソヨゴ、ヤブツバキ、アラカシなどの少数の照葉樹（⑤南紀系）で構成される単純な照葉樹林が広がることになる。六甲山の植物相の特徴は、いわば、植物の交流とも言うべき多様な分布群によって構成されている点にあるが、温暖化で、その特徴が一掃されることも考えられる。

参考文献

服部保　一九八五　日本本土のシイ－タブ型照葉樹林の群落生態学的研究　神戸群落生態研究会報告１：一－一九八頁
服部保　二〇〇二　照葉樹林の植物地理から森林保全を考える「保全と復元の生態学」文一総合出版　二〇三－二二二頁
服部保　二〇〇七　兵庫の自然誌「氷上回廊」改訂版　兵庫県立人と自然の博物館

服部保・中西哲・武田義明　一九八七　近畿地方における照葉樹林主要構成種の地理的分布、特に後氷期の分布拡大について　日本生態学会誌37：一–一〇頁
服部保・澤田佳宏・赤松弘治　二〇〇七　都市山・六甲山の植生管理マニュアル　兵庫県神戸県民局
小林禧樹・黒崎史平・三宅慎也　一九九八　六甲山地の植物誌　神戸市公園緑化協会
前田保夫　一九八〇　縄文の海と森　蒼樹書店
村田源　一九七七　植物地理的に見た日本のフロラと植生帯　植物分類・地理28：六五–八三頁
栃本大介・服部保・武田義明・澤田佳宏・石田弘明・福井聡　二〇〇七　六甲山に生育するブナの分布位置と個体サイズ　人と自然17：七九–八四頁
栃本大介・石田弘明・服部保・福井聡・浅見佳世・武田義明　二〇〇六　六甲山におけるブナ・イヌブナ個体群の現状とブナ林の復元可能性　ランドスケープ研究69（五）：四九一–四九六頁

第三部

地域で生物多様性と生きる

湿地の復元で絶滅危惧種が生息

佐野郷美

千葉県立船橋芝山高校の周辺は一九六〇年代初めまで、北総地域の典型的な谷津地形が広がり、低地の水田、台地の畑地と雑木林を原風景とする、里山の自然が広がっていたが、高度経済成長期に急速に開発され、台地や低地は宅地化された。芝山地区でも大規模な「芝山団地」が造成され、その一角に同校が建設された。敷地は標高約三十メートルの台地のはずれに位置し、台地を削って、その上に校舎とグランドが造成されたが、台地の裾の低湿地が敷地の一部として残されたものの、教育活動にはまったく利用されず、放置されていた。創立以来二十年以上も放置されていたヨシ原湿地の存在に気づいた理科教員が、一九九九年からかつての里山の自然を、同校の里山生態園「芝山湿地」として、復元した。小さな湿地ながら、多くの絶滅危惧種の安定的な生息が確認されていて、地域の生物多様性の維持に大きく貢献するとともに、生物の授業にも活用され、さらに、多くの生徒・職員に愛される「癒しの空間」にもなっている。

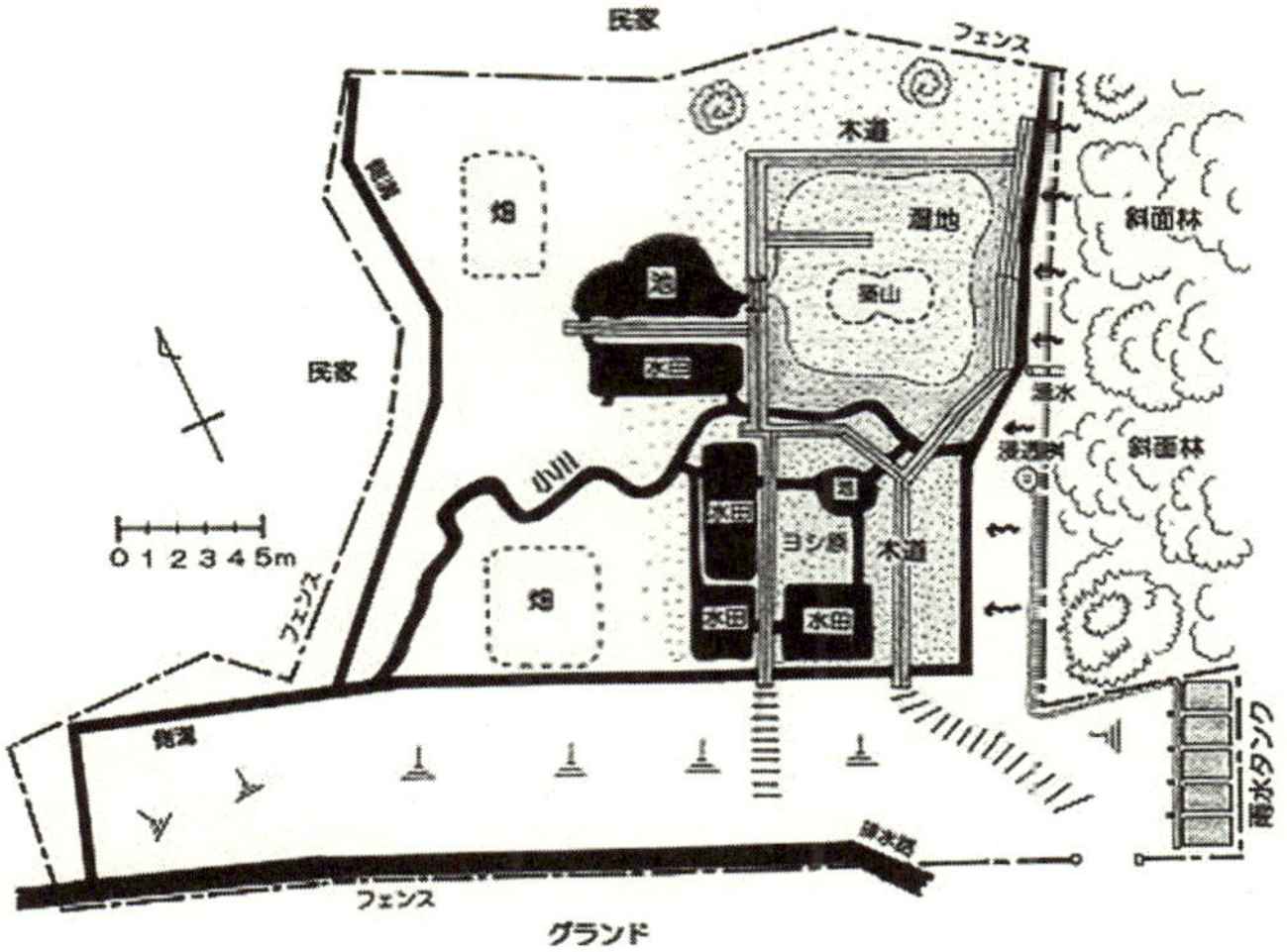

図14・1　高校周辺図

湿地（図14・1）は、船橋市が保全した斜面緑地に接した約六百平方メートルの低地に、斜面林下の湧水を水源（パイプからは一〜五リットル／分）として、延長約百メートルの水路、湿地、池、水田などがつくられ、生徒が観察しやすく、かつ湿地を踏みつけから保護するために木道が約六十メートル配置されている。また、グランド脇の体育倉庫の屋根からの雨水をタンク（計五トン）に貯め、湿地での作業後、長靴や道具を洗う際に使ったり、夏の日照りの時には、斜面林に雨水を地下浸透させて、湧水の補助として利用している。これだけで十分補えるわけではないが、雨水も大切な資源で、「雨水貯留」が都市型水害の抑制策になることや、地震などの非常時に活用できることを具体的に教える際の教材になる。

整備を開始した一九九九年当時、サワガニ、

図14・2　湿地の風景

オニヤンマのヤゴ、プラナリアなどが確認されたが、湿地全体はヨシが優占し、生物の種類は少なかった。その後、湿地復元の作業が進み、ヨシ原を狭めて、湧水を生かし、小川、池、水田など多様な水辺が整備されて、「里山」に変わるにつれ、多様な動物や植物を観察できるようになった。同時に、かつてこの地域に生息していたと考えられるメダカ、ヘイケボタル、ニホンアカガエルなど、いくつかの生物を人為的に持ち込んだ。その結果、メダカが水田や池の中で群れをなして泳ぎ、ヘイケボタルも七月末には毎年、幻想的な光の乱舞を見せるようになり、ニホンアカガエルも多数産卵し、二〇〇七年には百二十卵塊にもなった。

これまでの調査で、昆虫類四百四十五種、植物は斜面林の樹木も含めて百五十三種が確認されている。このほか、哺乳類二種、は虫類五種、両生類四種、鳥類十一種などを記録。これらの中には、ヒメアカネ（トンボ）、アオヤンマ（同）、ニホンアカガエル、ニホントカゲなど、千葉県レッドデータブックに掲載されている種も多い。芝山湿地は船橋地域の生物多様性を維持するうえで重要な場所になった。また、この場所は生物の授業、稲作体験、理

図14・3　湧き水

科系部活動の研究などに利用されるばかりでなく、心に問題を抱えた生徒との教育相談でも、この空間と生き物たちの賑わいがプラスに働くことがあると養護教諭から聞いている。

ここにはウシガエルとアメリカザリガニが侵入していない。生徒とともに豊かな里山環境として必要な作業を続けているが、この狭い湿地にこれだけ多様な生物が生息しているのは、外来種であるこの二種が侵入していないことが、ひとつの大きな要因であると考えられる。

自然環境や生命尊重の意識を高めるコミュニケーション学習

永島絹代

新しい教育課程では、学校と家庭・地域の結びつきと連携や、地域に開かれた学校、特色のある教育・学校づくりを強調しているが、老川小学校では三者の密接な連携を軸に、地域の教育関連機関とも連携しつつ、身近な素材から学ぶことを通して、「生きる力」を育み、ふるさとを根底に置いて未来を見通すという「ふるさと教育」に取り組んでいる。これは、自然認識・自然理解・生命尊重、そして、環境への児童の関心を高めるといった、多様な価値観の形成や生き方にも影響を与える試みだ。房総丘陵の中央部に位置し、四季折々に豊かな清澄山系の自然を観察できる環境にある老川小は、「ふるさと教育」の実践を通じて、自然環境や生命尊重の意識を高めるとともに、生涯にわたりふるさとの環境を根底に据え、未来を展望する思考を植えつけるには格好の場と考えている。

一般に、話し手（地域の人や博物館関係者など）と聞き手（児童）の世界観が異なるのは当然だが、

図15・1　自然観察会での風景

素材は共通。ただ、「知りたい」「見つけたい」という児童と、「伝えたい」「知らせたい」という話題提供者の思いが合致した時、コミュニケーション学習は活発になるため、その間に立つ教師はコミュニケーターとして、双方の情報を把握しなければならない。

これまで、千葉県立中央博物館や神奈川県自然博物館の関係者と、水の性質をとらえる実験、地球の水の循環、川の指標生物に関する調査などを行い、養老川の自然と人とのかかわりについて学んだ。養老川の源流から河口まで、博物館の関係者とともに、計七十五キロの旅をして地域の自然の豊かさを実感。そして、その成果をパンフレットや劇にして発表、地域に発信してきた。

また、四季を通して自然観察会を継続的に開き、休耕田に生息する水生生物を観察。児童とともに、絶滅危惧種と呼ばれている生物が多数生息することに驚かされると同時に、「この環境を守りたい」「生き物を大

図15・2　老川小絵「生き物いっぱいわくわく未来ちば」

切にしたい」という思いを育み、生物多様性に満ちた足元の自然がいかに貴重であるか、体験的に感じることができた。採集した一部を「老川生き物ワクワク広場」と名付け、四年間飼育を継続している。さらに、生物の研究員から教えてもらったことや、自分たちで観察し実際に調べたことをもとに、「私たちが生き物のためにできそうなこと」と題し、自然環境に対する取り組みや意見をレポートにして、博物館や生物の研究員に発信した。

このほか、全校ふるさと遠足で行った地域の自然や文化の探索、生き物調査などの結果をマップ化。また、シロウリガイ化石の調査で、この地区がかつて深海だったということに一同驚かされたり、地域に伝わる民話を劇にしたり、海がある学校との交流で、山・川・海と人とが古くからつながっていることを知る機会を持ったりした。

これらの体験をもとに、五十年後の老川や千葉の姿についてディベート的な討論会も試みた。その中で、「二十四時間、ともに生き続けている生き物や人が仲良く暮らせる未来が私たちの財産になる」「人間の暮らしに必要な施設は集中させ、開発を減らしたい」などの意見が出されるようになった。これを受けて、「未来の老川、そして千葉県」というテーマで各自、作文・絵・劇・詩など、思い思いの方法で表現したものを伝え合い、「私たちのふるさと老川」という冊子にまとめた。「生き物いっぱいワクワク未来ちば」というタイトルの大きな絵を描き、詩や作文とともにクラスの思いをまとめて発表、自然環境保全の大切さを訴えた。これが多くの人から賞賛を得て、ふるさと老川の素晴らしさや自分たちの活動に自信が持てるようになり、児童とともに高揚感を体得することになる。

こうした体験を生かし、これからも身のまわりの環境について、自ら気づき、考え、行動できる児童を育てていきたい。

自然への感動を共有する学校ビオトープ

梅里之朗

根木名小学校では、命の素晴らしさを伝え、育むため、地域の豊かな自然環境を活用しつつ、二つの観点から実践に取り組んでいる。

その第一は、環境づくり。児童は豊かな自然環境の中を日々当たり前のように通学しているが、「生命の姿が目に入っていても」、「生命として認識している」わけではない。日常に接している自然は当たり前の現象だが、この自然の素晴らしさ、地域の良さを実感させ、環境に積極的に働きかける実践力を育てることを、環境学習の目的にしている。そのために、田んぼと学習林の二つのビオトープを整備した。学校ビオトープは、農村自然と教室の中間に位置する「生物の保管場所、生物が生息する場所」として、「児童がつくり出した自然」と位置づけている。地域の自然を探険し、そこから、学校ビオトープに生物を移し、日々の学校生活や学習の中で、いつでも、手に触れて生物を観察できるようにした。農村自然で遊ぶルールを学ぶことも欠かせない。学校ビオトープができた時も、石や木の枝を投げ込む児童が後を絶たず、実際、農家の人も、いたずらに手を焼いていたのではないか。しかし、田んぼの中に多くの生命が存在していることを、日々の観察の中で学んだあとは、いたずらも自ずと減った。「命に触れる場」としての学校ビオトープは、「命を実感できる場」でもある。時には、トンボが羽化している最中に羽に触ってしまい、トンボの命を奪ってしまう場合もあるが、手のひらにアオガエルを大事そうに握り、時々やさしく水をかけている子もいる。多動傾向の子ながら、カエルを持っている時は、かなり真剣で、集中している。いずれも、生物の命を実感することにつながっていると思う。

第二は、命に触れる学習活動の展開。学習指導の中で、数多くの「命」に触れる機会を、系統的・計画的に組み込むことが必要だ。

小さな生き物の命を実感するには、生き物を飼うことによっても経験できるわけで、二年生ではザリガニなど地域で捕獲した様々な生物を、三年生ではモンシロチョウなどの昆虫を、五年生ではメダカを飼育する学習があり、その他の学年でも、小さな生き物を飼育する活動が、「命を学ぶ」貴重な体験になる。カナヘビが卵を産み、カマキリが脱皮しながら成長する。モンシロチョウがさなぎになり、変身して蝶になる、成虫が交尾をして産卵するといった様子に接することは、児童にとって、毎日が発見や感動の連続になる。しかし、当然、すべての生き物が生き続けるわけではない。飼育活動の失敗は、その生き物の死につながることもあるし、飼育に失敗しなくても、成虫は産卵をすると死を迎える。従って、死んだ生物が生き返らないこと、卵から新しい命が生まれ、生命が連続することなどを、生命を育てながら学ぶようになる。

命の素晴らしさを実感し、生命への興味・関心を高めた児童は、その気持ちをエネルギーにして、理科学習で「生命を科学する力」を育てるに違いない。理科教育には、「『命（いのち）』に触れて『命が好き』という『感情タグ』がつく」という言葉がある。この「感情タグ」を生かし、潤いのある生きた学力を育てる必要がある。根木名小の理科・生活科では、「潤いのある生きた学力」を、「自然や動植物を愛し、大切にする行動力・生活力」としてとらえ、その行動力・生活力の基礎となるものが、日々の生活と学習の中で培えると考えている。

レイチェル・カーソンは「子どものそばに、自然への感動を共有できる大人が必要である」と言っているが、根木名小では、教師と多くの友達がその感動を共有している。また、子どもたちは根木名の優れた自然環境の中で、様々な生物を好きになり、かかわりを持ち、「好き」という思いをみんなで共有してきた。これからも、この思いを大切にしふるさと、根木名を大切に守り続けたい。

生物多様性を国是とするコスタリカ

大木　実

北米大陸と南米大陸の接点である中米地峡に位置するコスタリカは、この地理的条件と恵まれた気候条件により、地球上のわずか〇・〇三四％に過ぎない陸地面積にもかかわらず、世界の生物種の約六％が生息すると言われ、生物多様性に富んだ国である。しかし、一九六〇年代に農地や牧場の拡大で森林の伐採が進み、いったんは森林面積が国土の二〇％程度にまで減少したが、その後、森林保護法などにより、森林所有者に対する政府の補給金制度を設けるという森林再生政策が進められ、自然が復元された。

コスタリカの環境政策の基本は、一九四九年に制定された「コスタリカ共和国憲法」。憲法第五十条には「環境権」が規定され、「健全かつ生態のバランスのとれた環境を享受する権利であり、国はこれを保障しなければならない」とされている。また、一九九八年には、「生物多様性法」が制定され、国立公園や森林保護区の制度が進み、現在では、国土の二五・二％、百五十五区域が、国立公園や私有地の保護区域として保護されている。一九九五年以前は、四つの異なる政府機関により管理されていたが、それ以降現在では、環境エネルギー省国立保護システム（通称SINAC（シナック））と呼ばれる制度で管理されている。この制度は、コスタリカ全体を地形や生態系などにより十一の地域に区分し、地域の中で問題を解決できる権限を与えるものだ。国立公園や生物保護区域内の九七％の区域で、は生物多様性を維持するため土地の利用や活用は行われておらず、一般の人は、わずか三％に相当する区域しかアクセスが認められていない。入園料は、公園までの距離や場所によって様々であり、六ドルから十五ドルとなっている。入園料の収入は、環境エネルギー省が得るが、国立公園や生物保護区の維持のために必要な予算の四〇％に相当する。残りは国の予算や国際協力プロジェクトなどから得ている。国立公園はじめ保護区内では、観光目的のレジャー施設は原則制限され、いくつかの国立公園では、資格を有するガイドとともに入ることを規定。ホテルやレストランなどの観光施設は、隣接する私有地などに建てられ、観光を資源とした経済活動が、地域住民の生活を支えている。

サンタロサ国立公園は、コスタリカにある七つの県の一つ、グアナカステ県にある国立公園。首都サン・ホセから北西に約二百キロメートル離れ、特に乾季には雨量が少なく、熱帯乾燥林が広がる。一九七一年に国立公園に指定され、広さは一万七百ヘクタールにも及ぶ。ここでは、百を超す哺乳類や二百五十の鳥類、百の両生類、は虫類、三万種の昆虫が確認されている。公園にある研究室では、グアナカステ県全体を対象に、標高三百から六百メートルにかけての生物生息調査が行われている。毎月、新月の夜を中心に三～四日かけて網による昆虫採取に出かける。それを持ち帰り乾燥させ標本にし、データ整理を行う。その際、GIS（地理情報システム）による位置情報とともに、必ず昆虫の足を一本取り、それをカナダに送りDNA分析の結果も入力する。このような目録作成作業の中で、頻繁に新種の発見も行われる。研究だけではなく、子どもたちへの生物多様性教育も盛んに行われている。グアナカステ県内の小学生は、ある学年になると必ずここサンタコサ国立公園にやってくる。アリなどの小さな生き物からホエザルなどの哺乳類、そして熱帯林や水・土も含めた生態系全体について、現場で実地に経験し、その重要性を学ぶのだ。

インビオ（国立生物多様性研究所）は、コスタリカの生物多様性に関する情報を収集し、生物資源の持続可能な利用を促進するため、政府、大学、国際機関、企業、NGOなどの協力のもとに、一九八九年に設立された非営利組織。名前には、国立（NATIONAL）がついているが、実際は民間の組織という。インビオでは、「生物多様性を保全する最善の方法は、生物多様性についての研究、評価に加え、生物多様性が与えてくれる機会を活用し、国民の生活の質を向上させることにある」という理念で運営されている。保護（SAVE）、理解（KNOW）、利用（USE）の三つを軸とした保全戦略に基づき、具体的には、次のような活動を展開。

一、保護。国立公園や保護地区の保全・利用のための計画策定や情報提供などを行う。

二、理解。動植物の目録作成では、約三百万近くの標本を保存。標本はひとつずつピンで留められ、バーコードで整理し、コンピューターへ入力して管理。作成にあたり、パラタクソノミストと呼ばれる一定の訓練を受けた市民が、採集・分類・標本作成作業に従事しているが、現在、四人のパラタクソノミストが働く。また、収集した情報や知識を人々と広く共有し、その価値を普及させるため、出版や広報活動を行っている。

三、利用。生物資源の持続可能な利用では、がんや糖尿病などの新薬研究を海外企業や大学と連携して実施し、収入を得ている（生物資源探索）。

また、二〇〇〇年にオープンしたインビオパルケ（公園）では、やさしく親しみやすい教材を使い、子どもたちを中心に環境教育に力を入れている。子どもたちは、パルケに入場する前にホールで「劇」を見て、生物多様性の重要性を勉強した後、パルケに入場、実際に見たり触れたりする。「劇」の内容は、「自分では何も価値がないと思っていた『大きな木』が、実は、研究が進んだ結果、その成分が薬品の材料となることがわかって、自分（大きな木）も自信を持った」といったストーリーで、生物多様性の価値や重要性を子どもたちにやさしく説いた内容だ。

生物多様性という言葉は、日本だけでなく、外国でもなじみにくい言葉だが、インビオでは、このように、その大切さを理解してもらうための努力を続けている。「生物多様性の重要性を市民に知ってもらうためには、生物多様性を守ることで市民の生活水準が高まることがまず必要で、これにより市民はさらに生物多様性を守ろうとする」という、生物多様性を国是として、それを利用することで国民の生活を豊かにするというコスタリカの手法は、参考になった。

〈コスタリカ共和国の概要〉

コスタリカは、人口約四百三十万人、面積約五万一千平方キロ。気候は熱帯に属しているが、国土のほぼ三分の一が高山や盆地で、首都のサン・ホセは一年を通して平均気温二二℃と穏やかな気候に恵まれ、「常春の国」といわれる。五月から十一月までが雨季、それ以外が乾季で、降雨量は多い地域で年間七千ミリ、サン・ホセでは二千ミリ程度。八月に訪れたため雨季にあたり、午前中は晴れているものの、午後には必ず雷雨があった。コスタリカの森林分布は、国土の真ん中に走る山地が熱帯雲霧林（いつも雲や霧がかかった状態の林）、カリブ海側が熱帯雨林、太平洋側の北部が乾燥した熱帯乾燥林、そして、南部が熱帯林と大きく分かれる。原油などの地下資源に恵まれないにもかかわらず、国民の暮しぶりは、周辺諸国と比べて豊かで、近隣の国からの移民も多い。かつてはバナナやコーヒー豆など農産物の輸出に頼っていたが、今では、エコツーリズムによる北米や欧州からの外国人客の観光が増え、外貨獲得の大きな収入源となり、コスタリカの豊かさを支えている。

（二〇〇七年八月二十三日、二十四日の二日間、堂本暁子知事、中村俊彦県立中央博物館副館長らに同行、自然を守り育て、利用することで国民生活の質の向上に取り組むコスタリカの実践を視察）

参考文献

コスタリカ共和国政府観光局日本事務所　二〇〇七　コスタリカを知る　日本・コスタリカ自然保護協会
国本伊代　二〇〇四　コスタリカを知るための五五章　明石書店

ボルネオ・ジャングル体験スクール

平松紳一

兵庫県立人と自然の博物館では、一九九八年から毎年、七月下旬にボルネオ島に子どもたちを連れていき、ジャングル体験スクールを開いている。小学校六年生から高校三年生までの二十六人に、マレーシアの中、高生八人が加わる。四班に分かれて、それぞれに博物館のスタッフがつく。現地では、班ごとにガイドの説明を聞きながら、早朝、昼、夜に、ジャングルの中を歩く。

スクールは、日本での事前学習会から始まる。岩槻邦男館長、河合雅雄名誉館長の授業を受けて、熱帯雨林の勉強をしてから出発するのだ。豊かな生活の裏側で、日本はマレーシアなどの熱帯雨林を伐採、大量の木材を輸入してきた。そして今、パームオイルを輸入しているが、そのために熱帯雨林がさらに伐採され、アブラヤシのプランテーションに変わり、野生動物たちは棲む場所を奪われている。

我々が活動するのは、研究用に保護されているジャングル。保護区内に入ると、舗装されていない道路の端に、ボルネオゾウの糞が転々……。ボルネオゾウにはなかなか遭遇しないが、オランウータンや

図16・1　橋を渡るとジャングルが待っている

テナガザルには、毎年出会う。野生のオランウータンに子どもたちは歓声を上げる。早朝から、テナガザルが仲間を呼ぶ声で起こされ、昼は植物観察や小動物たちを発見、夕方、テイオウゼミの大きな鳴き声に驚き、夜は灯火に集まる昆虫や夜行性の生き物を調べる。深夜も寝静まることがなく、まるで、昼夜で棲み分けて暮らしているかのように、朝まで生き物たちの息遣いが聞こえてくる。

そんなジャングルでの生活の中で、子どもたちが感じるものは大人が感じるものとは異なるはずだ。感受性の強い子どもにとって、この時期の体験は強いインパクトを残すに違いない。中でも、サバ大学のマリアッティ教授の話はいつも感銘を与える。教授はボルネオの自然が失われつつあることを、そして、マレーシアの子どもたちがそのことに気づいていないことを、悲しんでいる。日本の子どもたちとマレーシアの子どもたちの年齢と国を超えた体験活動を通じた交流が何年か先に実を結ぶこ

図16・2　早朝バードウォッチング

とを信じて、スクールは継続されている。実際、このスクールの卒業生が大学を出て、研究者の卵になったケースもある。十年間で卒業した二百人以上の子どもたちが大人になって、再び、ボルネオ島を訪れた時、自然がそのまま残されていることを願うばかりだ。

座談会・生活者の視点貫く地域戦略の構築

堂本暁子・手塚幸夫・吉岡啓子・中村俊彦

堂本　「生物多様性ちば県戦略」の策定にかかわった三人に、今後の具体的展開に向けて、考えを伺いたいと思います。県庁内に生物多様性グループを立ち上げたのは、二〇〇六年九月ですが、生物多様性という言葉はまだまだ一般的ではなかったし、その内容について理解している人は極めて少なかったですね。そこで、「県戦略」の策定にあたり、まず、生物学や生態学の専門的な立場で、生物多様性の戦略について検討してもらう専門委員会を設置しました。それと並行して、多くの県民に生物多様性に関して理解してもらうとともに、各地域の環境の課題をまとめて、戦略づくりに積極的に参加してもらうためのタウンミーティングを開くことを提案しました。タウンミーティングは「ちば生物多様性県民会議」が立ち上がる大きなきっかけにもなりましたが、その代表である手塚さんはタウンミーティングとどのようにかかわってきたのですか。

地域を見直すきっかけに

手塚　県の戦略づくりには、タウンミーティングと、それに続く、戦略グループ会議の二段階で意見を出しました。前半のタウンミーティングは、県から開催の呼びかけがありましたが、私たちはこういうことを言いたい、声を届けたいという思いで、各地域で手が挙がりました。約二カ月間に二十地域で手が挙がり、その結果、幅広い角度から、生物多様性や環境保全に関する問題点の洗い出しが行われたと思います。まず、地域に広がり、最後にタウンミーティングの総括大会で凝縮され、束ねられた、という感じでした。

地域の集まりの特徴は、どの地区の農家だとか、酪農家だとかというように、互いの顔が見える関係がある点です。顔が見える関係には、利害もかかわるし、立場の違いも持ち込まれ、生々しいところもありますが、空間や生活の場を共有しているため、時間をかければ議論できるし、同じまな板の上で話し合えるテーマを探し出すことができるという利点もあります。従って、相違を確認したうえで、譲り合ったり、結論を保留したりすることも可能でした。そういう意味で、地域というのはありがたい。

堂本　手塚さんの場合、具体的にどういう地域の展開になりましたか。

手塚　自分たちが住む地域を見直したということになりますかね。この五十年間で地域がどのように変貌したかということ、すなわち、高度経済成長、バブルの到来、さらに、リゾート開発だったり、それらに地域がさらされてきて、現在、どうなっているのか、その経緯を振り返って評価してみるよい機会になった。

地球温暖化が周知の事実となってきた今、将来、私たちは生きていけるのだろうかという漠たる不安を、みんな持っている。この漠たる不安と、かつて山に山菜とりに行ったけれど、今は山に入ることもなくなったとか、近くの小川でドジョウや小ブナを獲って食べたが、今では食べなくなったとか、みんなが記憶していることを思い起こし、重ね合わせてみることで、生活の変化を確認し、もう一度見直すことが大切だと思いますね。そのうえで、里山、里海はまだ残っているのか、どうなっているのか、それを言葉にして話し合う、そんな機会を持てたことが大きかった。

堂本　みんな、環境の問題については、不安を言葉にしないで、自分の中でなんとなくひっかかりというか、悶々としたものをいろいろ持っていたが、そういうものを出し合ってみたら、意外と共通項があった、ということかもしれませんね。

手塚　そうですね。小学生の時に東京オリンピックが開かれ、当時は将来がひたすらバラ色に見えていた。足元を見つめることもあまりないし、振り返りもしない。とにかく、先に進めばバラ色の未来が待っているように思ってきたわけですが、それがどうもおかしいのではないか、行き詰まっているのではないか、と感じ始め、それぞれに不安を小脇に抱えながら生きているということでしょうか。

私が住む外房のいすみ市では、地形などおおざっぱな景観は、外見上、数十年前のままの姿であちこちに残っています。その外見から、過去を思い出すことは容易にできますが、その際大事なのは、その中身が変わっていること、つまり、同じ緑でも、質とか中身は劣化しているということを感じることだと思います。そのことを踏まえて、里山・里海を保全し活用する方法を考えようということがテーマになりました。私はいすみ市で生まれ育ち、二十年ほど外に出て、また、いすみ市に戻っていますが、外に出たことで、地元で生活を続けてきた人とは地域の自然に関して異なる見方をしていることを感じました。このズレはとても重要です。都市から移住してきた人なども含めて、この見方のズレをすり合わせることは、里山・里海をテーマにする際、大切な要素だと感じました。

吉岡さんは、横浜から木更津へ転居されましたね。横浜から来て見た千葉の緑と、地元の人が見ている緑とでは違っているというようなことを以前、話されていましたが……。

子どもの成長に不可欠な動植物

吉岡　私にはもう、全然違って見えます。そして、こんなに遊び場があって、生き物がたくさんいるのに、どうして、みんな外で遊ばないのだろうと不思議でした。私は毎日、網を持ち子どもを連れて生き物を採っていました。子どもは現在、小学校の五年と一年、保育園年中の三人ですが、四年前に横浜から千葉県に来た時、それはそれは喜びました。まず、飛んでいる鳥が大きい。横浜では、大きい鳥といえばカラス程度ですが、千葉ではアオサギとかカモが間近に飛んでいる。とにかく、生き物がいっぱいで、道にカメが歩いているなんて、信じられない光景です。動物園に行かなければ、見ることができない生き物たちが、そこここになにげなくいるんですから。引っ越してきた当時はアカガエルもいましたが、今、カエルはウシガエルだけになりました。

手塚　転居は、私にとっては里帰りだったのですが、子どもたちには、新たな出会いでした。触れるものが変わると、行動も感覚も変わりますね。子どもの変化を通して、後を追いかけるように、違いに気づくこともありました。

吉岡　子どもの表情がすごく活き活きしてくる。その表情を見ていると、何が大事かを教えられる。当時二歳だった次女は、蚊が腕に止まっただけでもパニックを起こしていましたが、千葉に来てから、平気でミミズを手づかみできるようになりました。だんだんエスカレートしてザリガニのむき身をつくり、それでカメを餌付けして遊んでいます。今では親の目がなにかと届きすぎて、捕まえたトンボの羽をむしってみるといった、昔の子どもがよくやったようなことが残酷と言われ、できなくなっていますが。そういうことも子どもの体験として必要で、そんな体験をして育つ過程がなくなると、何か、曲がってしまうのではないかと心配です。

堂本　先日、植物を専門にしている大学教授にお会いしたら、その先生は子どもの頃には草や木と話ができたそうで、「今の子どもに精神的な問題がいろいろ出ているのは、植物や動物と遊ぶことが少なくなっているからだ」と言っておられました。動植物がまわりにいれば、子どもたちもいろいろなことを学ぶのではないかと思いますね。ある教育関係者からも、まわりに動植物がいなくなることの恐ろしさについて聞いたことがあります。

手塚　以前住んでいた松戸では、マンション街のすぐ近くでしたが、公園へ行くと、子どもたちがコップにダンゴムシやアリをたくさん詰めている姿をよく見かけました。田舎ではダンゴムシ詰めみたいなことはほとんど見かけませんね。野山では、ダンゴムシだけを集めることの方が難しいでしょう。昆虫多様性というか、とにかくいろいろな生き物が次々に目に入ってきますから。子どもとコップの中に詰め込まれたダンゴムシとの関係、そんな生き物との距離感ってどうなんでしょうか。都市空間での子どもたちの生き物とのつきあい方は気になります。

中村　私は東京に住んでいますが、自分の息子が小さい時、保育園に迎えに行ったら、子どもたちがまさにダンゴムシをたくさんビンに詰め込んで、それを私に見せに来て、びっくりしたことがありました。田舎の生き物の多様性の話が出ましたが、私がさらに驚いたのは、ある子はダンゴムシを山盛りにして見せに来るし、ある子はダンゴムシ、ワラジムシ、ハサミムシとか、虫の多様性の集め方で自慢して、私に見せに来るのです。子どもはみんな生き物が好きなんだと、そして、子どもの生き物好きにも多様性があるんだなと思いました。自分が子どものころは、自然がたくさんあって、自然や生き物で遊ぶことは当たり前だったが、そういうものがどんどんつぶされていったわけですね。森も海も住宅や工場になり、そのように変わることは発展することだと思わされてきたが、大人になるとこれは行き過ぎだったということもたくさんあるとわかってきました。

「都市公園はいらない」と子どもが陳情

吉岡　私は「公園」の弊害ということを強く感じています。都市計画の中で、公園をつくってしまったため、子どもはそこで遊ばなくてはならなくなる。私たちが小さいころには、ブロック塀の上とか、民家の裏道とか、その種の道ではない道を通るという、スリリングな体験もできたし、「セミを採らせてください」とひと声かければ、よその庭にも入れてくれました。当時の大人たちが許してくれたことが、今は許されなくなっている。子どもを取り巻く自然や環境が整っていれば、公園も遊具も必要ない。もともとあったものを壊して開発して、公園というものをつくってしまったばかりに、子どもたちの成長にとって不可欠なものが失われてしまったように思います。

堂本　茂原で子どものタウンミーティングを開いた際、子どもたちから「都市公園はいらない」という陳情を受けたことがあります。小学校五年生くらいの男の子と女の子が来て、「僕たちが欲しい公園は自分たちがつくる公園だ」と言うのです。その陳情と一緒にビデオも見せてもらいましたが、その中には、そのタウンミーティングの何カ月か前に、高校生や大学生に連れられて自分たちの公園をつくりに行くシーンがあります。ターザンごっこができるブランコとか、今までの公園にあるようなきれいな滑り台ではない、手づくりの滑り台、危ないところは大人が手伝ってつくっているそうですが、池があったり、虫がいるところなども映っていました。一番興味深かったのは、子どもたちは、自分たちからは決してバリアなんて意識せず、障害があっても、なくても、友達は友達というように、人間の多様性も受け入れていることでした。木板を持ってきて、車いすの友達も入っていける木道をつくっていました。

茂原から帰ってきて、私はすぐに公園政策を担当している県土整備部長に「そんな公園つくれないかしら？」と聞いたところ、「都市公園というと億単位のお金がかかりますが、そのような公園ならできるんじゃないか」ということで、その後、「まっ白い広場」という県の事業として実施しました。最初の年は二カ所が手を挙げ、その後、三カ所から手が挙がり、今では五カ所でやっています。土地は市町村の公有地だったり、地元の人が山を提供してくれたところなどを使っている。そして、このような公園の管理にお父さんたちが結構、頑張ってくれていて、子どもが遊んでいるのを見ていたり、遊具が壊れないように気を遣ったりしています。また、いくつかのNGOがかかわり、もう三年ほど続いています。

手塚　公園の定義を変える時期が来たのかなと思いますね。公園法には、都市公園法と自然公園法があり、自然公園とは、国立公園と国定公園、そして、県立の自然公園なんですね。この結果、日本の公園は国立公園のような広大な公園と、都市公園のように限られた小さな区画の中につくられる公園とに二極化されてしまう。都市に残っているまとまった緑地をそのままの姿で自然の公園にしたいと思っても、法的にも、予算的にも、手立てがないのが実情です。市川とか松戸には、昔の面影を残すよい緑地が残っていたのですが、そこをそのまま保全し、自然と触れ合える公園にすることが現在の公園法ではできないのです。自然公園の定義を見直し、野山や田園などを自然公園として保全するという発想があってもよいと思うのですが……。

従来型の都市公園では、さきほどのダンゴムシに行き着く。それは子どもたちの感性を制約することになる。空間を制約し、遊び方を制約し、生き物を制約してしまう。虫をビンに詰めて、生き物をとりあえず支配して、それで生き物との関係が完結してしまう。そこが問題だと思うのですが、多様な生き物とつきあう場を保障すること、それが子どもの感性を育てるための大切なポイントです。

中村 私は、子どもには「ダンゴムシ世代」があると思います。子どもたちにとって、ダンゴムシは自分で見つけて触れることができる初めての生き物（動物）です。しかし、子どもはやがてダンゴムシとの触れ合いは卒業し、少し大きくなって行動範囲が広がると、例えば、ザリガニを釣りに行くとか、カブトムシを採りに行くとか、子どもの成長に伴って生き物とのかかわりも変化していくはずです。ところが、最近では小学校の中学年くらいまでダンゴムシをポケットに入れているし、ダンゴムシを卒業してザリガニを採ってもいいのにできない。子どものまわりにそれができる環境がなくなっているからです。

都市公園の話に戻ると、堂本知事が子どもから聞いた話と一致しますが、都市公園をつくる人が子どもたちに「どんな公園をつくってほしいですか」とアンケートをとったら、「もうこれ以上、野原を壊して公園にしないで」という子どもがたくさんいたと悩んでいました。大人が大人のために公園をつくるのではなく、子どものために、公園として何が大事なのかということをしっかり考えていかないと、見栄えだけの公園では、子どもたちはますます家に閉じこもり、コンピューターで遊ぶことになってしまいます。

堂本　外国の例を見ると、カナダのバンクーバーなどは市の四分の一が公園で、リスがかけまわっているし、アメリカのホワイトハウスの前だってそうですよね。だけど、日本の場合は動物園に行かないと動物はいない。しかも、檻に入っている。昔はタヌキなども家の近くまできましたが、今は動物と共生するスペースがない。子どもたちの遊び場をつくる時ですら、一度みんな更地にして改めてそこに木を植えてつくったりする。そうではなく、かつて千葉でも藪がたくさんあったのだから、都会にもその種のナチュラルパークがあっていいと思う。

中村　私たちの博物館では、都市の中でも自然の生き物を観察できる場として、エコロジーパーク「生態園」をつくりました。海外では都会の自然は大事にされますが、日本では都市の中の林や空き地はもったいないないから開発しろ、ということになってしまいますね。

堂本　川もそうです。危険だからと、自然を開発し、人のかかわる範囲を広げ、水辺の創造性までも規制しています。

中村　安全にとか人に迷惑かけるなどと言われて、枠をはめていますね。田舎の子どもでも、最近は森に行ってはいけないとか、田んぼに入ってはいけないということを言われることが多くなっている。確かに危険性もあるし、農家に迷惑がかかるということもあるが、それだけで、行ってはいけないと済ましてしまう大人の方がもっと問題ですね。

「食」からのアプローチも重要

吉岡　うちの子は、毎日、泥だらけです。洗濯物もいっぱい出るし、家の中はジャリジャリ。遊び場がたくさんあるのに、外で遊んでいるのは、うちの三人だけ。まわりの子は室内でコンピューターやゲームで遊んでいることが多いようです。ずっとそこにあるものは当たり前すぎて、そのありがたさや楽しさがわからないのかもしれません。私たちは都会から引っ越してきたので、千葉の自然やたくさんいる生き物が新鮮でおもしろいし、そんな環境をありがたいと思っています。

手塚　何もないところから賑やかなところに飛び込むと、そこにあるものが次々に目に飛び込んでくるし、興奮もするという感じですかね。一方で、田舎で暮らしている人には、都市型の生活スタイルが入り込んできて、見えない・見ないようになってきているような気がします。「危ない、遊ぶな」といった子どもたちに外での遊びを制約するような声かけもあるが、それ以上に親があまり外に出ていかない。それに連動して子どもたちもいつの間にか外に出なくなる。

もうひとつは生き物の価値の問題。私が勤務している高校の二年生に、「小学生の時に夏休みの宿題で昆虫採集をした人がいるか」と聞いたところ、「した」という生徒は一人もいなかった。私たちが小学生のころ、昆虫採集は自由研究の花形だったし、標本は宝物だった。それが今ではあまり価値のないもの、魅力のないものになってしまった。

中村　私たちが子どものころは、ザリガニが採れて、虫を採るのが上手な子はヒーローになれた。子どもの間にも多様な価値観があって、たとえ勉強ができなくても、虫とりが上手とか、個性に応じた評価が子どもたちの間にもあった。今は勉強かスポーツで、双方ダメなら沈んでしまう。教育でも多様な価値を吸い上げる雰囲気は昔の方があった気がするし、子どもにとっても昔の方が、いろいろな面で自己主張できる機会が多かったように思う。

手塚　昆虫採集にしても、珍しい昆虫を捕まえて自慢するというのが昔ありました。その点では、今のカード集めなどとそう違わない面もあるが、フィールドに出て自分で捕まえるのか、お金を出して手に入れるのかというのは大違いだと思う。

今年、東京での生活を始めた長女が、「お刺身が美味しくない」「野菜が新鮮じゃない」などとぼやきます。これまで地元で獲れた新鮮な魚や野菜を食べてきたわけだから、仕方ないんですが、実は、その前の一時期、コンビニの弁当を食べると体調が悪いと言って、食べたがらなかった。都会に出て、別な視点から豊かさや安全性について再発見したわけだが、やはり、体や味覚で感じ取ることの方が、言葉で言うより本人には説得力がありますね。健全な産品が生み出されている場所で、新鮮なものを食べることは、金銭的な価値を超えてものすごく豊かなのだということ、このことはいくら言葉で言っても自身がゆさぶられないとわからない。

県民会議の戦略グループ会議でも、子どもたちに、新鮮で安全な地元の農産物を給食に取り入れるような取り組み、農家や漁師の現場と結びついた「食育」「食農」の取り組みを求める提案がありました。

堂本　それは素晴らしい。ぜひやりましょう。私は、千葉で食育に本気で取り組もうと思っているのですが、生物多様性の大事さというのは、食にまで関係しているわけです。子どもたちの食を、どこから来たかわからない素材でつくらないで、「千産千消」でできるだけ千葉産の食材をつかってほしい。

手塚　長女のコンビニの弁当の話にはオチがあります。「体の調子が悪くなる」「胸やけがする」などと言いながらも、何度か食べているうちに慣れてしまい、今では気にせずに食べるようになっています。これは、とても怖いことです。新鮮で安全な食べ物や、それを生み出す生物多様性豊かな空間に出会う機会を保障しておかないといけないと思います。

食に関連して思うことは、農林水産業がいろいろな面で大きく変貌したということです。もう一度、昔の漁業・農林業を見直し、日本の風土や日本人の体質に合った農林漁業を復活させることも重要、という意見は、県民会議の各戦略グループ会議で出されていました。

行動する博物館への転進

堂本　最初のころのタウンミーティングの報告書を読み返して、環境問題全般と生物多様性に関して、その地域ならではの議論が展開されていることがよくわかりました。産廃処理場、開発の問題、そして、土地所有や立木所有に関する行政上の問題などがしっかりと書き込まれていたのです。ヨーロッパなどでは海岸付近の開発は全面的に禁止されているし、カナダやスイスでは木一本切ることもできないように法律でしっかり守られている。タウンミーティングの指摘のような見解は行政の方からは絶対に出てこない。まさに、タウンミーティングのユニークさを象徴するものです。

手塚　タウンミーティングの総括大会が終わった後に、具体的な提案・提言を出す場をつくろうと、「ちば生物多様性県民会議」が立ち上がりましたが、その後、三十を超えるグループ会議が開催されて、本当に数多くの提言・提案が出されました。それをまとめると、生物多様性の「保全再生のための土地利用」「失われる原因の排除」「持続可能な利活用」「推進の仕組みづくり」という四本の柱になります。産廃処理、土地所有、立木の問題はこのうちの「保全再生のための土地利用」「失われる原因の排除」にかかわってきます。今、振り返ってみると、このような問題提起はタウンミーティングで最初から出ているんですね。それが広がって、いろんな地域・角度・産業の立場から議論されることで一気に拡散したのですが、それをまとめてみると、やっぱり当初から出ていた問題が、持続的に出続けていたということです。

堂本　タウンミーティングの第二回目の報告書にも興味深いことが書かれていました。「解決が必要な問題」として、「四十年前に日本全国で一斉に、かつ大量に使われ出した除草剤は危険物質が多く、特に、ダイオキシン類を大量に含み、それが四十年経っても、沼の底泥などに含まれ、濃度は減少していない」と。本質的なことだが、こういったことは専門家の間からは出てこない。やはりタウンミーティングならではの指摘ではないかという気がします。

手塚　それで思い出すのは、いすみ市のある漁師が指摘している里山を守らないと、海は守れないという発想です。海に注ぐ川の上流での耕作は、できれば、有機農業でやってほしいという。それはなぜかというと、一万枚の田んぼがあるからだ。一枚一枚の田んぼでは微量でも、それが全部川に集まり海にやってくる。川に集められ、まとまって海へと流れ込む水、そのような視点からは、陸地で認められている除草剤・農薬の濃度規制とは異なる数値が見えてくる。地域の取り組みを考える時は、流域であるとか、大きく地域を括ることも必要になる。流域全体の枠で破壊原因の本丸は何かと考えないと、解決にまで行き着かない。

堂本　そのような科学的、大局的な見方が専門家の間からだけではなく、一般の人からも展開されたという点が、今回のタウンミーティングの特徴だった。まさに、網の目のような、伏流水のようなものが見えたと思います。

中村　私は専門委員の一人として、生物多様性の現状や課題などを整理しながら、タウンミーティングにも参加しました。ただ、初めは短期決戦で戦略をつくろうとしているから、せいぜい三、四回かなと思っていたら、二カ月で二十回ものタウンミーティングが開かれた。各地のタウンミーティングに行ってみて、みんなが自然や環境の問題に関して日ごろ、モヤモヤとしたものをたくさん抱えていて、それが今回一気にふき出てきたように思えました。

手塚　それぞれの地域には、十年、二十年、じっと変化を見続け、危惧を抱いていた人が大勢いたんですね。そのため、息遣いが非常に生々しくなり、専門委員会とは異なる現場主義的な要素が入った。それが、県民会議のグループ会議に移行してからは、保全・再生の議論をする際に力を与えてくれた。農林漁業も子どもの問題も、現場で自然保護にかかわる人、農業、漁業を営んでいる人たちの言葉があって初めて、実効性を伴うものになると感じました。

堂本　あるタウンミーティングの報告には、「生物多様性調査の必要性、生物多様性保全のためのセンターの設置」と書いてありますが、この時は具体的にどのような構想だったのでしょうか。

中村　市民の多くは、身のまわりの自然や生き物の変化などをいつも気にしているし、また、誰よりも地域の生物多様性のことを知っていて、さらに、それを誰よりも大切にしたいと思っているが、その気持ちは行政や法律となかなか結びつかない。自然や生き物を守る活動は、開発という大きな力と比べると、あまりにもせつないもので、言ってみれば、戦車に対抗する水鉄砲みたいなものです。県庁に相談に行っても、親身に話を聞いてくれたり、また、現場に来てくれる人もいない。従って、日ごろの地道な保護活動や生き物の情報を、県として整理統合したり、また、開発行為に対し、自然や生き物を守る行動を共同で起こせる、そんな専門家の組織をつくってほしい、ということでした。

吉岡　中央博物館の専門家の皆さんにはどんどん地域に出てきてほしいと思います。同時に、学校の子どもたちが遠足などで、もっと博物館やスナメソ観測船、浮世絵美術館といったような生物多様性を感じられる場所に行けるようにしてほしい。先日も地球温暖化特集のテレビ番組で、博物館で地域の人たちと一緒にやっているヒメコマツの研究のことが紹介されていましたが、このような番組は学校へも知らせ、たくさんの子どもたちが見られるようにしてほしいと思います。

中村　県立中央博物館は「各地の自然や生物について資料を集め、自然を保護する博物館が必要」という要望に基づいてつくられた施設です。長年、自然を守る活動をしていた人たちが共同で、四十年以上前に陳情書を県へ提出、二十年前に博物館が完成しました。

堂本　二〇〇六年十月の県立中央博物館でのタウンミーティング総括大会を思い起こすと、もうみんな、博物館で勉強するだけでは物足りないと思い始めていました。一方、行政側も地域の自然や生き物の保全、再生、規制などを、積極的に政策化しなくてはならないという状況に追い込まれ、県と博物館の役割も、次のステージに踏み込んだという印象を持ちました。

中村　博物館というと、これまでは展示を見に行く、また、資料を見てもらうところといったイメージでしたが、もはやそれだけでなく、博物館が外に出ていくことも要請される。標本が残れば、本物の自然が壊されてもよいということはない。今、博物館に求められているのは、「自然が守られ、生き物が生き、そして、その地域に豊かな文化が育まれる」そんな状況を地域の人たちとともに考え、守っていく、そんな体制だと思います。

堂本　かつては情報を集めるだけでよかったが、今はその情報を集め、解析し、それを使って次の計画、生物多様性を守る戦略といったものにする段階に来ていると思う。博物館があったとはいえ、行政的に、網羅的に、これを機能させることをしてきませんでしたが、それをやるということは新たな局面への転進と言えます。その起爆剤になったのは、やはりタウンミーティングで、そこから、みんなで賑やかに議論するだけではなく、しっかり収斂させるセンターが必要という発想が出てきたことはすごいと思います。

温暖化抑制と生物多様性の一体化が生む地域ブランド

手塚　地球温暖化と生物多様性、これらは密接に関係しているんですが、そのことがほとんど理解されていない。地球温暖化の問題については、みんな気にしていて、その原因もわかっている。そこで、節電しましょうとか、ゴミを減らしましょうということになるが、節電したことが国のCO_2排出削減目標の達成につながるとは思えても、貢献しているという実感は伴わない。実感がないと、充実感や達成感は持てないわけで、その辺りが地球規模で起こっている問題のジレンマ。これに対し、生物多様性の問題は地域で起こっていることの集積・組み合わせです。だから一人ひとりが取り組んだことで、何か変わると感じられる。地域で生物多様性の復元や保全に取り組めば、その成果は目に見える形で現れてくる。生物多様性の保全・再生が循環型社会形成と密接に関係していること、さらに、エネルギー消費型ライフスタイルの転換に結びつくということが理解されると、温暖化防止への貢献が実感になると思うのですが……。

堂本　千葉県は環境政策を推進する際、徹底して温暖化と生物多様性を一体化しています。人類が直面している究極の問題は、温暖化によって、私たちのまわりの生態系が破壊され、水も、食料も、何もかもがおかしくなる、生態系のバランスが崩れてきているとの予兆がはっきりしてきたことです。にもかかわらず、そこの部分がしっかり説明されていません。タウンミーティングでは温暖化の話は具体的に出ていなかったように思いますが、いかがでしたか。

中村　あまりなかったですね。地球温暖化はグローバルな現象ですが、生物多様性はローカルな視点が重要になります。気候や生き物にしろ、地域でいろいろな変化がありますが、ただ、これが温暖化による現象なのか、あるいは、近くの開発や都市化現象による影響なのか、なかなかわかりにくい。しかし、千葉県では地球温暖化の視点を早くから取り込み、私たち研究者もその視点でこれまでの調査データを見直していますし、解析も進めています。その結果を、できるだけ多くの人たちに情報発信してきましたが、生物多様性と地球温暖化との一体的取り組みの重要性も次第に伝わりつつあります。地域の人たちと行政、研究者も一体となって、まさに、多様なコラボレーションが生物多様性をめぐる流れの中に沸き起こっています。

吉岡　テレビで紹介された中央博物館の活動は、千葉における地球温暖化のことを、地域の人が採集したナガサキアゲハの標本やヒメコマツの保護の研究活動を通じて、わかりやすく説明していました。地域の人たちと博物館の専門家とのつながりができると、普段あまり関心がない人や子どもたちにも、生物多様性や地球温暖化のことがわかってくるし、その理解の基盤もできてくると思います。何とか、植物や生物だけでなく、自分たち人間の命も危ないという危機感を感じられるまで様々なことが結びついていってほしいと思います。

堂本　タウンミーティングでは、地球温暖化について、ほかにどんなことが取り上げられましたか。

手塚　研究のレベルでは、地球温暖化が進むことによって、生物多様性がどのように劣化していくかについて、専門委員会でしっかり議論されましたが、その逆の視点、生物多様性の劣化は地球温暖化を抑制する力を失うという観点からの議論は足りなかった。その点、タウンミーティングは重要な役割を果たしました。つまり、生活は向上した、でも、森が荒れた。農業が変わった、この変化は一体なんだったのか。現場の問題をもとに議論を進めることで、最も重要なのは農林漁業の問題ではないか、という共通認識もできた。この問題をみんなで考え直してみることで、温暖化を進行させてきた社会とは異なる社会が見えてくるのではないか、といったことが指摘されています。

堂本　それは重要な視点です。農林漁業の対応をきちんとすれば、結果として温暖化対策にもなるわけですね。

手塚　生物多様性国家戦略では、今回のような動きはほとんど出てこなかったし、議論もされなかった。地球温暖化問題とは異なり、生物多様性の問題は、国レベルではなく、県や市町村のレベルで取り組むことが大切だと再認識しました。いすみ市の真ん中を流れる夷隅川という川があります。いすみ市の人口四万人と、上流の大多喜町と勝浦市の一部を合わせると、流域人口は約六万人です。これは千葉県の人口六百十万人の一％に相当する。従って、夷隅川流域で生物多様性の保全・再生を進めることは、千葉県の一％を保全・再生することになります。これは十分に有意な数値だと思います。

同様に、地球人口の約六十五億人と千葉県の人口で考えると、千葉県全体で生物多様性の保全・再生を進めれば、地球の〇・一％の保全再生を進めたことになる。これもまた、有意な数値です。

一人ひとりの取り組みが地域に、さらに、流域へと広がれば、千葉県から地球全体へと、有意な取り組みができるということです。そう考えると、地球温暖化と生物多様性を一体的にとらえる力にもなるし、大いに意義がある活動になるのではないでしょうか。このことが千葉の「県戦略」に期待されるところでもあります。

堂本　温暖化の中で、生物多様性を保全するということは基本的なことだし、同時に、ライフスタイルを変えることになると言えると思いますが、ほかにどのようなことが言えますか。

手塚　生産の現場で、これまでに切り捨てられたり、忘れ去られてきたものをもう一度見直すことです。このことは、経済効率の見直し、豊かさの視点をもう一度見直すことにもつながります。

現在、千葉県にはいろいろな「千葉ブランド」がある。慣行農業から一歩進んだところには、千葉エコ農産物があり、それをさらに進めて、有機農産品を千葉のブランドにしようという取り組みができると思う。これは、観光や漁業にも連動するし、本当の意味の全国のトップランナーとしての産品づくりにもなる。土地の利活用の問題も、そのような視点から可能性が広がるでしょう。

農林漁業者の現金収入はサラリーマンに比べ、少ないかもしれないが、とても豊かなものを持っている。新鮮なものを毎日食べられることもそのひとつ。私は、漁師の人から新鮮な魚をもらうと、お返しはできる限り自分のところでとれた無農薬の米、野菜、果実などでするようにしている。自分でつくった醤油を持っていくこともありますが、とにかく、分け合う感覚を大切にしています。本物の価値に触れないと、なかなかわからないので、金銭の豊かさではなく、本物の豊かさに触れる、そこに、新しい千葉ブランドが形成される可能性があるのかもしれません。

生活スタイルを変える「多様性革命」

堂本　今の視点で言うと、生物多様性の国家戦略にしても、温暖化との一体化はまだ弱い。私は岩槻さんに、「太古の昔から生命は止まっていない。動物も植物も人間も、呼吸し水や土壌を必要としてきた。その生態系の一体のなかで生きているのだから、片方だけではダメだ」と教わった。私はそのような意味で「一体化」という言葉を使っていたが、手塚さんの話を聞いて、また別の一体化に気づきました。それは、すべての生活の有り様、豊かさも、生物多様性と一体的にとらえる視点、つまり、経済効率とは異なる価値観によって、生物多様性の豊かさが温暖化を止める大きな力にもなるから、人類が絶滅するくらいなら、すべてを変えて、真の豊かさを求める生活を選択するという人が出てくる可能性もあると思う。アメリカではクルマに乗らないで、馬車を使っている町がありますが、生物多様性の動きの中で、本当に生活スタイルを変える人がたくさん出てきたら、それこそ、「生物多様性革命」になる。そういう視点に立つと、タウンミーティングの素晴らしさを改めて感じます。

中村　まさに、温暖化する生活の中で、千葉では、「生物多様性革命」が起こり始めたのではないでしょうか。

堂本　これまでの話に出てなかった利点として、県民会議やタウンミーティングがなければ、会うことのなかった多くの人と出会えたということが挙げられると思う。私も、いろいろな県民会議に参加して、サーファーなど多様な人と出会うことができました。一日に三カ所もはしごしたこともありましたが、生物多様性を媒介にして、人と人との出会いでみんながつながり、地域が活性化し、それぞれの地域が自立していけばいいですね。そして、各地域の自立の集積が県の力にもなります。

手塚 農業で言えば、慣行農法で生産している人と、有機農法で生産している人の新たな出会い、交流する場が必要です。そのためには、県の農政部局が間に入って、橋渡しするような取り組みが求められます。その際のキーワードは、「ちば農業の自立」、そして、「千葉ブランドの農産品づくり」でしょう。タウンミーティングでも、県民会議のグループ会議でも、谷津田の再生を訴えている人たちが多かったことも、注目すべきです。都市住民が耕作ボランティアとなって、谷津田の再生を進める提案のほか、谷津田で有機農業をという提案もありました。農家にとって耕作しにくい場所として、最初に耕作放棄が進んだ谷津田は、生物多様性の保全・再生を考えるうえで極めて重要、と考える人が多い。また、谷津田は都市住民と郡部の住民の交流の場となる可能性を秘めています。谷津田とその上の丘陵地・台地は、水源域となっている場合もあるから、産廃の処分場にしないためにも、谷津田の保全・再生への取り組みは極めて重要です。

中村 私は、「ちば・谷津田フォーラム」という谷津田・里山の調査や保全活動をしている市民グループの代表ですが、谷津田は湧き水も豊富で、付近には貝塚も多く、縄文時代、今の谷津田のところは豊かな干潟の里海で、当時から多くの人たちが生活していました。谷津田のまわりには雑木林や畑もあり、この多様な環境モザイクのセットの中での人々の生活は、生物多様性を豊かにしてきました。現在までに伝えられてきたこのような里山と里海のモザイク構造は、「生物多様性農業」また「生物多様性漁業」の原点だったし、その安定性と可能性は地球規模での温暖化にも、強い耐性を持っていると思います。

谷津田は、米づくりはじめ、生き物や美しい景観・文化、子どもたちの教育にとって不可欠であり、水源涵養の機能も有するが、縦割り行政だとこの多様で大きな価値をどこも引き取ってくれない。トータルな価値がいくら大きくても、行政的にはバラバラで、担当部署もない状態です。

手塚　修学旅行の際に、アレルギーや化学物質過敏症に関する事前調査を実施していることをご存知ですか。最近はすべての小・中・高等学校で実施していると思いますが、ここ数年、アレルギーや過敏症があると答える生徒が増えているようです。私が勤務する学校でも、一クラスで四人以上が申し出ることは稀ではありません。一クラス四十人が基本ですから、一割以上の生徒が申し出ます。十年後、二十年後には三割の日本人がアレルギーや化学物質過敏症になるという予測もありますが、そうなると、各家族に一、二人はいるという計算になる。こうなってからでは手遅れで、農薬・除草剤・化学物質の問題は、生物多様性の保全・再生に関する重要課題のひとつと位置づけて、取り組むべきです。農薬使用量が世界一と言われる中で、農薬のばら撒きを象徴しているのが空中散布。上空から広い範囲で一律に散布していくヘリ空散は、生物多様性の観点から、早急に中止・全廃が望まれます。

吉岡　横浜から木更津にやってきて、古民家に行く機会に恵まれ、コンクリート、新建材に反響する生活音の響きが、精神に与える影響について考えさせられました。日本の伝統的古民家ではすべての音が耳に痛くないのです。すべての音が心地よく、遠くの話し声も聞き取れます。都市部では迷惑がられる子どもの騒ぐ声が、自然素材だけでつくられた空間の中では、実に耳に心地よく、生きるエネルギーになります。新建材やコンクリートの中で耳にするデジタル音にさらされ続け、神経を刺激され続ける状態で現代人は生きているのだと思うと、せめて、子どもの時代だけでも、心地よい柔らかな音空間の中で過ごさせてやりたいと思います。

堂本 私が県民会議の夷隅のグループ会に行った時、同じ地域に住んでいる海のサーファーと山の農業の人が初めて出会って、流域をもう一度見直して、地域づくりをしようという意見で、一致していました。生物多様性の「県戦略」への提言づくりで集まり、二時間くらいの会議が終わる時には、参加者たちが当事者になり、また、実践者にまで変貌していく。こうして、タウンミーティングと県民会議から実践者が次々と生まれていったのです。これらの人たちは、ある種の冷却期間を置いたら、その実戦部隊がまた集まって政策を進化させ、県の政策としてアクションプランをつくる際には、「次はこういうことをやろう」と言って、戦略なり計画をつくる。このように、次から次へと進み、また、次の段階のタウンミーティングに引き継がれる。

タウンミーティングの始まりから県民会議が終了するまでを振り返ると、枝分かれしたり、多様化したりして、あちこちでいろいろなことが起こっていて、それをひとつの塊として見ると、参加者たちがどんどん実践者になっていく姿が浮かび上がる。行政だけで計画を立案しても、絵に描いた餅になりやすいけど、これだけ苦労してタウンミーティングや県民会議で、「県戦略」をつくると、「絵に描いた餅にするものか」と、みんながどんどん出てきて、「これからは自分たちの夢を実現しよう」「これで終わりじゃなくて、これがスタートだ」と考えるようになる。「生物多様性ちば県戦略」は、大きな可能性を秘めて発進しました。

著者紹介

岩槻邦男（いわつき・くにお）

一九三四年兵庫県生まれ。京都大学理学部卒、大学院修了。京都大学、東京大学、立教大学、放送大学を経て、現在、兵庫県立人と自然の博物館館長、東京大学名誉教授放送大学客員教授。著書に『生命系――生物多様性の新しい考え』『シダ植物の自然史』『文明が育てた植物たち』など。

伊藤元己（いとう・もとみ）

一九五六年愛知県生まれ。京都大学理学部卒業後、東京都立大学助手、千葉大学助教授を経て、二〇〇五年より東京大学教授。共著書に『植物の自然史』『多様性の生物学』『生物の種多様性』など。

梅里之朗（うめざと・ゆきお）

一九五九年東京都生まれ。千葉大学教育学部卒業。現在、富里市立根木名小学校教諭。

大木実（おおき・みのる）

一九五九年千葉県生まれ。一九八三年中央大学法学部卒業、同年千葉県庁入庁。二〇〇六年九月から環境生活部自然保護課、生物多様性グループ主幹。

加藤賢三（かとう・けんぞう）

一九三八年東京都生まれ。十九六四年東京大学大学院動物学修士課程修了後、国立予防衛生研究所入所。一九九九年国立感染症研究所退職後東京家政大学非常勤講師（生命科学）。現在、環境パートナーシップちばなど市民活動に参加。

亀澤玲治（かめざわ・れいじ）

一九五九年大阪府生まれ。環境省自然環境局生物多様性地球戦略企画室長。二〇〇七年一一月閣議決定された第三次生物多様性国家戦略づくりに携わる。共著書に『生物多様性キーワード事典』『自然再生事業――生物多様性の回復を目指して』『現代森林政策学』など。

倉西良一（くらにし・りょういち）

一九五八年大阪府生まれ。北海道大学大学院環境科学研究科環境保全学専攻博士課程単位取得中退、水生昆虫（トビケラ目昆虫）の生態と分類を専門とする。千葉県立中央博物館上席研究員。

呉地正行（くれち・まさゆき）

一九四九年神奈川県生まれ。東北大学理学部物理学科卒業。在学中から日本雁を保護する会に入会し、ガン類とその生息地の保護保全を目的とした、国外の研究者と共同での調査研究、普及啓発活動などに関わる。最近は農業と水鳥の共生をめざす「ふゆみずたんぼ」の提唱も行っている。日本雁を保護する会会長。著書に『雁よ渡れ』など。

佐野郷美（さの・さとみ）

一九五五年千葉県生まれ。東京都立大学理学部生物学科卒業後、千葉県立高校の生物教師として就職、現在、千葉県立船橋芝山高等学校に勤務。国立環境研究所客員研究員を兼務。共著書に『楽しくわかる生物１００時間』、『海辺に親しむ』。

田中哲夫（たなか・てつお）

一九四八年大阪府生まれ。長崎大学水産学部増殖学科、京都大学大学院理学研究科動物学専攻、理学博士。「渓流性サケ科魚類の社会構造と住みわけ」「オオクチバスの侵入とため池生物群集の応答」を研究。編著書に『水辺環境の保全』『日本の淡水魚』など。兵庫県立大学自然・環境科学研究所准教授。兵庫県立人と自然の博物館主任研究員。

手塚幸夫（てづか・ゆきお）

一九五三年千葉県生まれ。一九七九年弘前大学大学院・理学研究科修士課程修了後、一九七九年より千葉県立小金

高等学校教諭（理科・生物）、現在千葉県立大多喜高等学校教諭。二〇〇七年ちば生物多様性県民会議の立ち上げに参加、代表に就任。夷隅群市自然を守る会（事務局長）、千葉県生物学会（監事）、日本ウミガメ協議会。

堂本暁子（どうもと・あきこ）

一九三二年アメリカ生まれ。五五年東京女子大学社会科学科卒業。東京放送報道局（ＴＢＳ）にて報道局記者、ディレクターなど。チベット、北極取材や保育行政の貧困を訴えるベビーホテル・キャンペーンなどを手がける。一九八九年より参議院議員。環境基本法や生物多様性条約などの立法、審議に深く関わり、一九九四年よりＩＵＣＮアジア理事・副会長、一九九九年よりＧＬＯＢＥ（地球環境国際議員連盟）世界総裁。二〇〇一年より千葉県知事、現在二期目。著書に『立ち上がる地球市民――ＮＧＯと政治をつなぐ』、『生物多様性』など。

栃本大介（とちもと・だいすけ）

一九八一年兵庫県生まれ。神戸大学大学院総合人間科学研究科修了。二〇〇六年より（財）ひょうご環境創造協会職員。

永島絹代（ながしま・きぬよ）

一九六一年千葉県生まれ。動植物の飼育観察をもとに、地域の自然の教材化を二十年余り継続。博学連携、環境教育の研究及び実践。千葉県夷隅郡大多喜町立老川小学校教諭。

中村俊彦（なかむら・としひこ）

一九五四年福岡県生まれ。農学博士（東京大学）。現在、千葉県立中央博物館副館長「(仮称）生物多様性ちば県戦略」専門委員、千葉大学大学院客員准教授、東京湾学会副会長、ちば・谷津田フォーラム代表、日本自然保護協会理事。著書に『里やま自然誌』、共編著に『湾岸都市の生態系と自然保護』『都市につくる自然』、共著に『新校庭の雑草』『校庭のコケ』など。

西田治文（にしだ・はるふみ）

一九五四年千葉県生まれ。一九七九年千葉大学大学院理学研究科修士課程修了、植物系統進化学・古植物学、理学博士。中央大学理工学部教授、東京大学大学院客員教授、放送大学客員教授。著書に『植物のたどってきた道』など。

長谷川雅美（はせがわ・まさみ）

一九五八年千葉県生まれ。東邦大学理学部生物学科卒業後、東京都立大学大学院博士課程中退、千葉県立中央博物館主任研究員を経て東邦大学教授。

服部保（はっとり・たもつ）

一九四八年大阪府生まれ。神戸大学大学院自然科学研究科修了。学術博士。一九九二年より兵庫県立大学（姫路工業大学）教授。共著書に『自然保護ハンドブック』『保全と復元の生物学』『植生管理学』など。

平野礼朗（ひらの・よしあき）

一九六九年長野県生まれ。気象予報士。二〇〇六年四月より現職（環境省地球環境局総務課研究調査室主査）。IPCC、温室効果ガス観測技術衛星（GOSAT）、地球観測連携拠点（温暖化分野）などを担当。

平松紳一（ひらまつ・しんいち）

一九五八年兵庫県生まれ。県立高校理科教諭、県教育委員会事務局指導主事を経て、二〇〇三年より人と自然の博物館勤務。現在、生涯学習課主任指導主事兼課長。兵庫県教育委員会発行の環境教育副読本『ちきゅうはたからもの（小学校低学年用）』、『地球は宝物（中学校用）』の編集・作成。

増沢武弘（ますざわ・たけひろ）

一九四五年長野県生まれ。一九七五年東京都立大学大学院理学研究科博士課程単位取得、植物生態学、理学博士。静岡大学理学部教授。著書に『高山植物の生態学』『極限に生きる植物』など。

宮田昌彦（みやた・まさひこ）

一九五三年東京都生まれ。北海道大学大学院水産学研究科博士課程修了後、東京学芸大学生物学教室助手、千葉県

立中央博物館主席研究員等を経て、自然誌歴史研究部長。藻類学専攻。水産学博士。著書に『潮だまりの海藻に聞く海の自然史』『海苔の生物学』『有用海藻誌』『日本海草誌 Seagrasses of Japan』『リンネと博物学（増補改訂）』など。

吉岡啓子（よしおか・ひろこ）

一九六四年神奈川県生まれ。五年ほど前に横浜市から木更津市に転居。生活圏内の生き物の多さに驚く。縁あって木更津社会館保育園の森の保育に出会い、子供たちの生き生きとした表情に感動。現在一一歳、七歳の女児を土曜学校へ、五歳の男児を園に通わせる。ＰＴＡ主催講演会の講師の依頼に中央博物館中村副館長を訪ねたことが、県民会議への参加のきっかけとなる。

温暖化と生物多様性

二〇〇八年五月一〇日初版発行

編者――岩槻邦男＋堂本暁子
発行者――土井二郎
発行所――築地書館株式会社
東京都中央区築地七-四-四-二〇一　〒一〇四-〇〇四五
電話〇三-三五四二-三七三一　FAX〇三-三五四一-五七九九
ホームページ＝http://www.tsukiji-shokan.co.jp/
印刷・製本――株式会社シナノ
装丁――久保和正

ISBN 978-4-8067-1367-8　C0040

くわしい内容はホームページで。URL=http://www.tsukiji-shokan.co.jp/

●関連書籍

◉総合図書目録進呈。ご請求は左記宛先まで。
〒一〇四—〇〇四五　東京都中央区築地七—四—四—二〇一　築地書館営業部
《価格・刷数は、二〇〇八年四月現在のものです。》

温暖化に追われる生き物たち

生物多様性からの視点

堂本暁子+岩槻邦男［編］　◉4刷　三〇〇〇円+税

地球温暖化により、動植物の世界では何が起きるのか——プランクトン、昆虫、植物から人間まで、気鋭の研究者たちがフィールドの最前線から報告する。朝日新聞「天声人語」などで紹介。

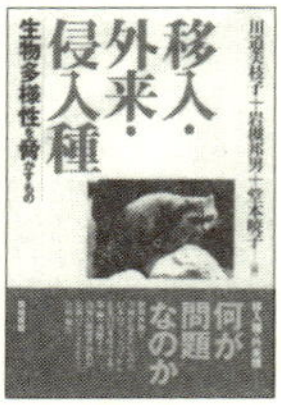

移入・外来・侵入種

生物多様性を脅かすもの

川道美枝子+岩槻邦男+堂本暁子［編］　◉2刷　二八〇〇円+税

移入種・外来種——何が問題なのか。世界各地でいま、何が起きているのか。日本のブラックバスから北米の日本産クズまで、第一線で活躍する内外の研究者が最新のデータをもとに分析・報告する。

緑のダム

森林・河川・水循環・防災

蔵治光一郎+保屋野初子［編］　◉3刷　二六〇〇円+税

台風のあいつぐ来襲で、ますます注目される森林の保水力。これまで情緒的に語られてきた「緑のダム」について、あらゆる角度から森林（緑）のダム機能を論じた日本で初めての本。

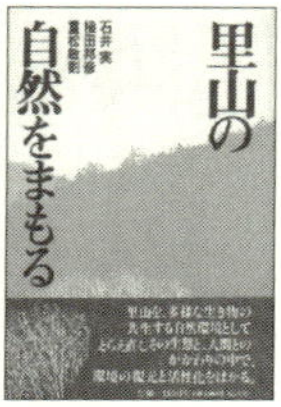

里山の自然をまもる

石井実+植田邦彦+重松敏則［著］　◉6刷　一八〇〇円+税

◉全国農業新聞評＝自然保護のキーワードになっている里山を開発の対象にしてはならないと訴える。オオムラサキやギフチョウの望ましい管理法、カブトムシの役割や雑木林の多様性、湿地と植物の保全なども、わかりやすく解説している。

●関連書籍

海の生物多様性

大岡信十ボイス・ソーンミラー［著］◉2刷　三〇〇〇円十税

いまだ謎の多い海の生物多様性。さんご礁や熱水噴出孔の生物群集から漁業、国内外の政策、環境問題までを包括的に解説する。NHKスペシャル「海——青き大自然」の総監修者で、生物海洋学の第一人者が語る海の世界。

炭と菌根でよみがえる松

小川真［著］　二八〇〇円十税

全国の海岸林で、松が枯れ続けている。どのようにすれば、松枯れを止め、松林を守れるのか。40年間、マツ林の手入れ、復活を手がけてきた著者がマツの診断法、松林の保全、復活のノウハウを解説する。

自然再生事業

生物多様性の回復をめざして

鷲谷いづみ十草刈秀紀［編］◉3刷　二八〇〇円十税

失われた自然を取り戻すために、自然再生事業はどのようにあるべきか。日本のNGOが模索してきた事例と歴史。研究者、フィールドワーカー、行政担当者が現場から報告する。

「百姓仕事」が自然をつくる

2400年目の赤トンボ

宇根豊［著］◉4刷　一六〇〇円+税

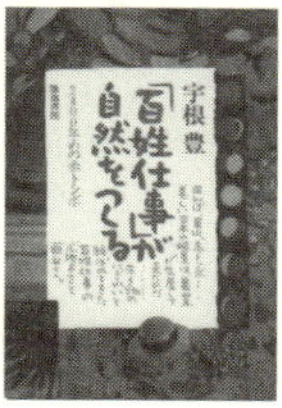

田んぼ、里山、赤トンボ……美しい日本の風景は、農業が生産してきたのだ。生き物のにぎわいと結ばれてきた百姓仕事の心地よさ、面白さを説く。